普通高等教育"十三五"规划教材

Visual FoxPro 数据库与 程序设计实验教程

杨 永 周 凯 吴明涛 主 编

杨王黎 主 审

中国石化出版社

内 容 提 要

本书是与《Visual FoxPro 数据库与程序设计》（中国石化出版社，杨永、周凯、吴明涛主编）教材配套的实验教材。全书共分四个部分：第一部分是 Visual FoxPro 数据库与程序设计实验指导，安排了 21 个实验，每个实验给出了实验目的、相关知识点及实验内容，这部分的实验不提供参考答案，以锻炼学生的独立学习能力；第二部分是习题集，通过选择、判断、程序设计等题型让学生掌握 Visual FoxPro 的基本语法和程序设计能力；第三部分是习题解答，提供第二部分全部习题的参考答案；第四部分是计算机综合应用实验指导，以开发"学生成绩管理系统"项目为例，给出开发的全过程，帮助提高学生的综合应用能力。

本书适合作为高等学校非计算机专业本科生的程序设计实验教材，实验学时建议为 30~40 学时；本书也可以作为软件技术人员的学习参考书。

图书在版编目(CIP)数据

Visual FoxPro 数据库与程序设计实验教程／杨永，周凯，吴明涛主编 . —北京：中国石化出版社，2018.1(2020.10 重印)
普通高等教育"十三五"规划教材
ISBN 978-7-5114-4797-5

Ⅰ.①V… Ⅱ.①杨… ②周… ③吴… Ⅲ.①关系数据库系统-程序设计-高等学校-教材 Ⅳ.①TP311.138

中国版本图书馆 CIP 数据核字(2017)第 328366 号

中国石化出版社出版发行

地址:北京市东城区安定门外大街 58 号
邮编:100011　电话:(010)57512500
发行部电话:(010)57512575
http://www.sinopec-press.com
E-mail:press@sinopec.com
北京科信印刷有限公司印刷
全国各地新华书店经销

*

787×1092 毫米 16 开本 12.5 印张 312 千字
2020 年 10 月第 1 版第 2 次印刷
定价:30.00 元

前　　言

　　本书是与杨永、周凯、吴明涛等编写的《Visual FoxPro 数据库与程序设计》教材相配套的实验指导书和习题集，是按照知识点的循序渐进思路进行编写，其中包含了作者以及同事十几年从事 Visual FoxPro 程序设计教学的经验和总结。

　　根据中国高等学校计算机基础教育课程体系（CFC 2008）的精神，本着提高学生计算机应用能力和注重实践教学的宗旨，本书第一部分给出了 21 个实验，这些实验既有验证性实验，也有设计性实验，还有综合性实验。每个实验给出了实验的目的，相关的知识点及实验内容。学生通过上机完成这些实验，可以很好地锻炼自己的程序设计能力，提高计算机的应用水平。第二部分是每章的习题，作者根据多年的教学经验，编写了选择题、判断题、程序设计和窗体设计等多种题型，力求全方位促进相关知识的掌握。第三部分是习题解答，提供第二部分全部内容的参考答案。第四部分计算机综合应用实验指导，以开发"学生成绩管理系统"项目为例，给出开发的全过程，用以提高学生的综合应用能力。

　　本书涉及的实验和习题较多，也比较全面，各位教师可以根据自己学校的授课情况选择其中的部分实验内容，同时根据具体的教学进度，调整实验次数。书中内容的设计能够满足不同层次学生的不同学习需要。读者在应用本书实验指导部分的时候一定要多练习、多实践，要在"做中学"；而在应用习题部分一定要多分析，不要急于看答案，以便更好地帮助学生提高程序设计能力。

　　本书是在多年 Visual FoxPro 程序设计教学的基础上，以提高学生综合编程能力为出发点编写的，本书由东北石油大学杨永、周凯和吴明涛主编，杨永编写了第一部分 Visual FoxPro 数据库与程序设计实验指导，吴明涛编写了第二部分 Visual FoxPro 程序设计习题集和第三部分 Visual FoxPro 程序设计习题解答，周凯编写了第四部分计算机综合应用实验指导，杨永统稿全书。在本书编写及以往应用过程中，东北石油大学计算机基础教育系的教师们提出了许多宝贵的意见，在此表示衷心的感谢，同时也参考了一些专家、学者的真知灼见和网上资源，在此深表谢意。

由于编者水平有限，书中难免有一些疏漏之处，恳请广大读者提出宝贵意见，我们将衷心感谢！

编　者

2018 年 1 月

目　　录

第三部分 Visual FoxPro 程序设计习题解答

第四部分　计算机综合应用实验指导

第一部分 »

Visual FoxPro数据库与程序设计实验指导

实验 1 Visual FoxPro 的基础知识

一、实验目的

1. 掌握 VFP 6.0 的启动、退出及窗口组成；
2. 熟悉 VFP 程序的运行环境和 VFP 常用命令子句；
3. 掌握 VFP 的表达式和各种函数的使用；
4. 掌握 VFP 常量和变量的使用。

二、实验内容

(一) VFP 6.0 的启动和退出

1. 启动

(1) 双击桌面上 VFP 的快捷方式；

(2) 单击"开始/程序"项，在程序菜单中选择"Microsoft Visual FoxPro 6.0"下的"Microsoft Visual FoxPro 6.0"菜单项就可以启动 VFP 6.0。

2. 退出

(1) 单击标题栏的关闭按钮；

(2) 双击 VFP 窗口标题栏左边的控制按钮；

(3) 单击"文件"菜单中的"退出"；

(4) 在"命令窗口"中输入命令"QUIT"。

(二) 表达式和函数的使用

掌握以下 VFP6.0 常用的函数：

1. 数值函数

绝对值函数 ABS(<数值表达式>)；

平方根函数 SQRT(<数值表达式>)；

指数函数 EXP(<数值表达式>)；

取整函数 INT (<数值表达式>)；

求模(余数)函数 MOD(<数值表达式 1>，<数值表达式 2>)；

四舍五入函数 ROUND(<数值表达式 1>，<数值表达式 2>)；

求圆周率 π 的近似值函数 PI()；

最大值函数 MAX(<表达式清单>)；

最小值函数 MIN(<表达式清单>)。

2. 字符函数

求字符串长度函数 LEN(<字符串表达式>)；

查找子串位置函数 AT(<子字符串>，<主字符串>，[数值表达式])；

左截取子串函数 LEFT(<字符表达式>，<数值表达式>)；

右截取子串函数 RIGHT(<字符表达式>，<数值表达式>)；

取子串函数 SUBSTR(<字符表达式>，<数值表达式 1>[，<数值表达式 2>])；

删除字符串尾部空格函数 RTRIM(<字符表达式>)或 TRIM(<字符表达式>)；

删除字符串前导空格函数 LTRIM(<字符表达式>)；

删除字符串前导和尾部空格函数 ALLTRIM(<字符表达式>)；

空格生成函数 SPACE(<数值表达式>)；

小写变大写函数 UPPER(<字符表达式>)；

大写变小写函数 LOWER(<字符表达式>)；

宏代换函数 &<字符型内存变量>。

3. 日期与时间函数

系统日期函数 DATE( )；

系统时间函数 TIME( )；

日期函数 DAY(<日期表达式>)；

月份函数 MONTH(<日期表达式>)；

星期几函数 DOW(<日期表达式>) 或 CDOW(<日期表达式>)；

年份函数 YEAR(<日期表达式>)。

4. 转换函数

求字符 ASCII 码函数 ASC(<字符串表达式>)；

将 ASCII 码转换相应字符函数 CHR(<数值表达式>)；

字符型转换成日期型函数 CTOD(<字符表达式>)；

日期型转换成字符型函数 DTOC(<日期表达式>)；

数值型转换成字符型函数 STR(<数值表达式>，[<长度>[，<小数位数>]])；

将字符串转换成数值函数 VAL(<字符表达式>)。

5. 测试函数

数据类型测试函数 TYPE(<表达式>)或 VARTYPE(<表达式>)；

表头测试函数 BOF( )；

表尾测试函数 EOF( )；

记录号测试函数 RECNO( )；

记录个数测试函数 RECCOUNT( )；

查找是否成功测试函数 FOUND( )；

文件存在测试函数 FILE( )；

条件函数 IIF(<逻辑型表达式>，<表达式 1>，<表达式 2>)；

判断值介于两个值之间的函数 BETWEEN(<被测试表达式>，<下限表达式>，<上限表达式>)。

(三) 变量

1. 内存变量：内存变量是一种独立于数据库而与内存有关的变量，它用以存放数据处理过程中的常量、中间结果或最终结果。

2. 内存变量的命名：由 1—128 个字母、数字、汉字、下划线组成的以字母、下划线或汉字开头的字符序列。

3. 内存变量的赋值(1)<内存变量名>=<表达式>

　　　　　　　　(2)STORE <表达式> TO 　<内存变量名表>

4. 内存变量的显示：

LIST | DISPLAY MEMORY ［LIKE<内存变量名>］［TO PRINTER］| ［TO FILE<文件名>］

（四）实验习题

1. 分别给下列内存变量赋值。

(1) 用"="命令赋值

MA=" * * * * * "

MB=123

MC=.T.

MD={^2009/03/01}

? MA, MB, MC, MD

(2) 用"STORE"命令将 NA, NB, NC 赋值为 0, 将 PA、PB、PC 分别赋值为-8、"计算机"和.F.。

STORE 0 TO NA, NB, NC

? NA, NB, NC

STORE -8 TO PA

STORE "计算机" TO PB

STORE .F. TO PC

? PA, PB, PC

2. 函数使用

根据要求写出函数命令，并记录显示结果。

(1) 计算"Visual FoxPro 6.0"的长度；

(2) 利用字符函数在字符串"东北石油"和"大学"之间插入 3 个空格；

(3) 分别求字符串"东北石油大学"的子字符串"东北"、"石油"和"大学"；

(4) 将字符串"Visual FoxPro 6.0"中的字母转换为大写字母；

(5) 将字符串"Visual FoxPro 6.0"中的字母转换为小写字母；

(6) 将字符串"Visual FoxPro 6.0　　　"中尾部的空格去掉；

(7) 将字符串"　　　Visual FoxPro 6.0"中前导空格去掉；

(8) 将字符串"　　　Visual FoxPro 6.0　　　"中前导和尾部的空格去掉；

（9）求字符串"is"在字符串"This is a book."中第一次和第二次出现的起始位置；

（10）对 3.1415926 进行四舍五入保留 3 位小数；

（11）对 3.1415926 进行取整运算；

（12）分别求 10 除以 3，10 除以 -3，-10 除以 3 和 -10 除以 -3 的余数；

（13）已知 $N=$"125.6"，利用 N 求数据 125.6 与 98.9 的和；

（14）已知 Var1 = 5，Var2 = 9，测试 Var1 是否在 1 到 10 之间，并用表达式判断 Var2 是否小于 Var1？

（15）分别求当前系统的日期和时间，并测试其数据类型；

（16）分别求当前系统的年、月、日和星期几；

（17）把数值 21.265389 转换为字符串，宽度 11，保留 4 位小数；

（18）将"3.14ab"转换为数值型数据，并测试其结果类型；

（19）将字符串"03/01/2013"转换为日期型数据，并测试其结果类型；

（20）设 $x=3.5$，$y=2$，求表达式 $\dfrac{x^3+y^4}{\sqrt{x+y}-x/y}$ 的值。

3. 写出下面表达式的结果。
（1）INT(ABS(-5.7))
（2）STR(16.35749, 7, 3)
（3）SUBSTR("东北石油大学", 5, 4)
（4）ROUND(15.81, 1)<INT(15.81)
（5）INT(6.26 * 2)%ROUND(3.14, 0)

4. 对话框函数 MESSAGEBOX( )
MESSAGEBOX( )函数可以显示一个自定义的对话框。常用作提示之用，也可以作一些简单的选择，比如"确定"、"取消"等，是程序中经常用到的一个函数。
函数形式：
    MESSAGEBOX(提示信息[, 对话框的类型[, 对话框窗口标题]])
返回值类型：
    数值型
参数描述：

提示信息：表示对话框中所显示的提示文字，为字符型。

对话框的类型：用于确定对话框的按钮、图标等属性，这是一个数值型的参数。

对话框的类型设置：

对话框的类型设置包括设置按钮、图标和设置默认按钮 3 部分的内容，其中可以单独设置一种或几种的组合。

（1）设置按钮属性

按钮属性设置如表 1-1 所示。

表 1-1   MESSAGEBOX 函数按钮属性设置

值	对话框按钮属性
0	仅有一个"确定"按钮
1	有"确定"和"取消"按钮
2	有三个按钮，分别是"终止"、"重试"、"忽略"
3	"是"、"否"和"取消"按钮
4	"是"和"否"
5	"重试"和"取消"

比如在命令窗口中输入：MESSAGEBOX('是否真的要退出系统？', 4)后回车，则弹出如图 1-1 所示对话框：

若第 2 个参数省略则默认值是 0，此时将弹出如图 1-2 所示对话框：

图 1-1   含有两个按钮的 MESSAGEBOX 示例

图 1-2   含有一个按钮的 MESSAGEBOX 示例

（2）设置图标

图标设置如表 1-2 所示。

表 1-2   MESSAGEBOX 函数图标属性设置

值	图 标	值	图 标
16	红色叉号	48	感叹号
32	问号	64	字母 i

比如在命令窗口中输入：MESSAGEBOX('是否真的要退出系统？', 48)后回车，则弹出如图 1-3 所示对话框。

图 1-3   MESSAGEBOX 函数含有图标示例

图 1-4   MESSAGEBOX 函数含有图标与按钮示例

如果又想要问号图标,又想要"是"、"否"两个按钮,可以按照如下的方法完成,输入 MESSAGEBOX('是否真的要退出系统?',4+32),则弹出如图 1-4 所示对话框。

(3)设置默认按钮

所谓设置默认按钮就是在有按钮的情况下,按下回车键执行的那个按钮,其值设置如表 1-3 所示。

表 1-3 MESSAGEBOX 函数默认按钮属性设置

值	默 认 按 钮	值	默 认 按 钮
0	第一个按钮	512	第三个按钮
256	第二个按钮		

例如:MESSAGEBOX('是否真的要退出系统?',4+32),这一句,您希望显示对话框时,默认的按钮为"否",也就是按下"回车"键即执行"否",那么就写成如下形式:

MESSAGEBOX('是否真的要退出系统?',4+32+256),则弹出如图 1-5 所示对话框。

会发现在此时"否"按钮则默认为选中状态,若按回车键则执行该按钮。

① 对话框窗口标题:

用来显示在对话框窗口上部,那个蓝色区域内的信息。例如:

MESSAGEBOX('是否真的要退出系统?',4+32+256,'注意'),则弹出如图 1-6 所示对话框。

图 1-5 MESSAGEBOX 函数具有默认按钮示例   图 1-6 MESSAGEBOX 函数完整示例

如果所设的数大于按钮的数,比如设为 512,但只有两个按钮,则默认是第一个按钮,若缺省则默认显示标题为"Microsoft Visual FoxPro"。

② 函数返回值:

说明在对话框中按了不同的键,该函数将返回不同的值,键值对应如表 1-4 所示。

表 1-4 MESSAGEBOX 函数按键对应的值

值	键	值	键
1	确定	5	忽略
2	取消	6	是
3	终止	7	否
4	重试		

例如在命令窗口输入?MESSAGEBOX('是否真的要退出系统?',3+32+256,'注意')并回车,则弹出如图 1-7 所示对话框。

图 1-7　MESSAGEBOX 函数示例

此时，若用鼠标单击"是"按钮，则输出 6；单击"否"按钮，则输出 7；单击"取消"按钮，则输出 2。

实验 2　顺序结构和选择结构

一、实验目的

1. 掌握程序的建立和修改的基本方法；
2. 掌握程序设计中常用命令的使用方法；
3. 掌握数据输入和输出的命令；
4. 掌握 IF 和 DOCASE 两种选择结构的用法。

二、实验内容

(一) 要点复习

1. 程序文件的建立和运行

　　建立命令：MODIFY COMMAND <程序文件名>

　　运行命令：DO <程序文件名>

2. 程序设计中的常用命令

(1) 交互式输入语句

　　INPUT [<字符型表达式>] TO [<内存变量>]

　　ACCEPT [<字符型表达式>] TO [<内存变量>]

　　WAIT [<字符型表达式>] TO [<内存变量>]

(2) 格式化输入输出语句

　　@ <行号，列号> [SAY <表达式 1>] GET <变量名> [DEFAULT<表达式 2>]

　　READ

(3) 注释语句

　　* <注释行信息，表示整行都为注释，程序执行时不执行以 * 开头的语句>

　　&& <在语句的尾部加注释>

(4) 终止命令和退出命令

　　终止命令：CANCEL

　　退出命令：QUIT

(5) 返回命令

　　RETURN [<表达式>] | TO MASTER | TO <程序名>

3. 选择结构语句

(1) 单分支选择结构

　　语句格式：

　　IF<条件表达式>

```
                <命令序列>
        ENDIF
```

（2）双分支选择结构

语句格式：

```
        IF<条件表达式>
                <命令序列1>
        ELSE
                <命令序列2>
        ENDIF
```

（3）分支结构的嵌套

对上述分支结构中的<命令序列>，可以是包含任何 Visual FoxPro 命令语句，也可以包括一个或几个合法的分支结构语句，也就是说分支结构可以嵌套。对于嵌套的分支结构语句，一定注意内外层分支结构层次分明，即注意各个层次的 IF…ELSE…ENDIF 语句配对情况。

（4）多分支选择结构

语句格式：

```
        DOCASE
                CASE <条件表达式1>
                        <命令序列1>
                CASE <条件表达式2>
                        <命令序列2>
                        …
                CASE <条件表达式n>
                        <命令序列n>

                〔OTHERWISE
                        <命令序列n+1>〕
        ENDCASE
```

（二）实验习题

1. 程序填空

（1）已知三角形的三边，求三角形面积。三角形的面积公式为：$AREA = SQRT(S*(S-A)*(S-B)*(S-C))$，其中 $S=(A+B+C)/2$，A、B、C 为三角形三条边的长。

```
SET TALK OFF
CLEAR
INPUT "A=" TO A
INPUT "B=" TO B
INPUT "C=" TO C
【 1 】A+B>C AND A+C>B AND B+C>A
    S=(A+B+C)/2
```

```
     AREA=SQRT(S*(S-A)*(S-B)*(S-C))
ELSE
    ？'不能构成三角形'
    【2】
ENDIF
？"AREA="【3】AREA
CANCEL
SET TALK ON
```

（2）输入一个学生的生日（年：year、月：month、日：day），并按照当前日期（年、月、日）求出该学生的年龄（实足年龄）。

```
INPUT "请输入学生出生的年份:" to year
INPUT "请输入学生出生的月份:" to month
INPUT "请输入学生出生的日期:" to day
age=year(【1】)-year
IF month>month(date())
age=age-1
ENDIF
***********SPACE***********
IF month=month(date()).and.【2】
    【3】
ENDIF
？"该学生的实足年龄为:"，age
```

（3）输入某年某月某日，判断这一天是这一年的第几天。

```
input "请输入年份:" to year
input "请输入月份:" to month
input "请输入日:" to day
do case
  case month=1
      sum=  【1】
  case month=2
      sum=31
  case month=3
      sum=59
  case month=4
      sum=90
  case month=5
      sum=120
  case month=6
      sum=151
  case month=7
```

```
            sum = 181
    case month = 8
            sum = 212
    case month = 9
            sum = 243
    case month = 10
            sum = 273
    case month = 11
            sum = 304
    case month = 12
            sum = 334
    otherwise
            ? "数据输入错误"
endcase
sum = sum+【2】
if year%400 = 0 . or.  year%4 = 0 . and. year%100! = 0
        n = 1
else
        n = 0
endif
if n = 1 . and.  month>2
        sum =【3】
endif
```

（4）计算一元二次方程的根。

```
SET TALK OFF
CLEAR
INPUT "A =" TO A
INPUT "B =" TO B
INPUT "C =" TO C
IF ABS(A)<0
    ? "不是二次方程 T"
ELSE
    DETA = B * B−4 * A * C
    IF DETA =【 1 】
        ? "有两个相等的实根:",  −B/(2 * A)
    ELSE
        IF DETA【2】
            X1 = ( −B+SQRT( DETA ) )/(2 * A)
            X2 = ( −B−SQRT( DETA ) )/(2 * A)
            ? "有两个不等的实根:",  X1,  X2
```

```
        ELSE
            R1 = -B/(2 * A)
            R2 = 【 3 】/(2 * A)
            ? "R2 = ", R2
            WAIT
            ? "有两个虚根:", STR(R1, 5, 2)+'+'+STR(R2, 5, 2)+'I',";",;
                STR(R1, 5, 2)+'-'+STR(R2, 5, 2)+'I'
        ENDIF
      ENDIF
  ENDIF
SET TALK ON
```

2. 程序改错题(每个 FOUND 的下一条语句有错误,其他处无错误,无需修改)

(1) 从键盘输入一个数 X,当 X 大于 0,Y 的值为 1;当 X 等于 0,Y 的值为 0;当 X 小于 0,Y 的值为-1,然后输出 Y 的值。

```
SET TALK OFF
INPUT "输入一个数 X:" TO X
* * * * * * * * * * FOUND * * * * * * * * * *
IF X>0
    IF X>0
        Y = 1
    ELSE
        Y = 0
    ENDIF
ELSE
    Y = -1
ENDIF
* * * * * * * * * * FOUND * * * * * * * * * *
?"Y = Y"
SET TALK ON
```

(2) 从键盘输入一个数 X,当 X 大于 0,Y 的值为 1;当 X 等于 0,Y 的值为 0;当 X 小于 0,Y 的值为-1,然后输出 Y 的值。

```
SET TALK OFF
* * * * * * * * * * FOUND * * * * * * * * * *
ACCEPT "请输入一个数:" TO X
* * * * * * * * * * FOUND * * * * * * * * * *
DO WHILE
    CASE X<0
        Y = -1
    CASE X = 0
        Y = 0
```

```
* * * * * * * * *FOUND * * * * * * * * * *
    DEFAULT   X>0
            Y = 1
ENDCASE
? Y
SET TALK OFF
```

3. 按要求编写程序

（1）输入一个正数作为半径，分别计算出相应的圆的面积和球的体积（提示：圆的面积公式 $S=\pi R^2$，球的体积公式 $V=\dfrac{4}{3}\pi R^3$，π 用函数 PI( ) 表示）。

（2）判断一个三位数是否为"水仙花数"，并输出判断结果，是为 1，否为 0，将结果存入变量 OUT 中。所谓"水仙花数"是指一个三位数，其各位数字立方和等于该数本身。

（3）计算 $y=\begin{cases}3x & x<1 \\ x^2 & 1\leqslant x<10 \\ 7x-4 & x\geqslant 10\end{cases}$

（4）计算 $y=\begin{cases}e^{-x} & x<0 \\ x^2 & 0\leqslant x<2 \\ \sqrt{x-2} & 2\leqslant x\leqslant 5 \\ x(x-5) & 其他\end{cases}$

（5）从键盘输入三角形的边长，输入边长满足两边之和大于第三边，且为正值。计算并输出三角形的面积；若不满足以上条件，显示输出"不能构成三角形"。提示：已知三边 a、b、c，先求 $s=(a+b+c)/2$，再求面积为 $\sqrt{s(s-a)(s-b)(s-c)}$。

（6）下面的程序是用来输入 3 个数，对这 3 个数按从小到大的顺序输出。

```
SET TALK OFF
INPUT TO A
INPUT TO B
INPUT TO C
IF A>B
  T = A
  A = B
  B = T
ENDIF
* * * * *请自行完成以下程序段 * * * * * * * * *



* * * * * * * * * * * * * * * * * * * * * * * *
? "3 个数从小到大依次是：",A,B,C
SET TALK ON
```

（7）判断某一年份是瑞年的方法为：年份能被 4 整除但不能被 100 整除，或者能被 400

整除。写出一个判断任意一年份是否为瑞年的程序。分别用 1700，1968，2000 和 2004 进行测试程序是否正确。

（8）从键盘输入 3 个数，然后找出其中最大值和最小值。最大值存入 MA 中，最小值存入 MI 中。本题使用 IF…EndIf 语句完成。

（9）已知变量 X 为正整数（最多五位数），编程求变量 X 的位数，并将结果存入变量 OUT 中。用 DO CASE 语句完成。

（10）编程求对某一正数的值保留 2 位小数，并对第三位进行四舍五入。将结果存入变量 OUT 中。

（11）有如下程序：

```
SET TALK OFF
CLEAR
INPUT TO CJ
DJ=IIF(CJ<60，"不合格"，IIF(CJ>=90，"优秀"，"通过"))
? DJ
SET TALK ON
```

分别输入数据 50、69 和 98 后，分析 IIF 函数的作用，理解程序的功能，并分别用 IF 和 DO CASE 语句实现其功能。

实验 3 —重循环程序设计—DO WHILE 循环

一、实验目的

1. 掌握 DO WHILE 循环语句的构成及其使用方法；
2. 掌握初值、循环条件和循环体语句顺序三者之间的制约关系；
3. 掌握累加求和、求最值、求阶层等常用算法。

二、实验内容

（一）要点复习

DO WHILE 语句的语法格式如下：

```
    DO   WHILE   <循环条件>
            <语句序列>
            [LOOP]
            [EXIT]
    ENDDO
```

（二）实验习题

1. 阅读程序，写出运行结果，并分析每个程序的功能。

（1） * SY1. PRG

```
    SET TALK OFF
    T = " ABCDEF"
    I = 1
    DO WHILE I<=6
        ? SUBSTR(T, 7-I, 1)
        I = I+1
    ENDDO
    SET TALK ON
```

（2） * SY2. PRG

```
    SET TALK OFF
    X = 1
    DO WHILE X<50
        ? X
        X = 3 * X
```

```
        ENDDO
        SET TALK ON
(3) * SY3. PRG
        SET TALK OFF
        Y = 0
        DO WHILE . T.
            Y = Y+1
            IF Y/7 = INT( Y/7)
                ? Y
            ELSE
                LOOP
            ENDIF
            IF Y>80
                X = . F.
            ENDIF
        ENDDO
        SET TALK ON
```

2. 程序填空

(1)求 1 到 50 的累加和(S = 1+2+3+…+50)并输出。

```
        SET TALK OFF
        【 1 】
        I = 1
        DO WHILE【 2 】
            H = H+I
            【 3 】
        ENDDO
        ? H
        SET TALK ON
```

(2) 输出所有 100 以内 6 的倍数的数，并求这些数的和。

```
        SET TALK OFF
        I = 1
        【 1 】
        DO WHILE I< = 100
            IF MOD(【 2 】) = 0
                ? I
                S = S+I
            【 3 】
            I = I+1
        ENDDO
        ? "S =", S
```

```
SET TALK ON
```

(3) 以下程序通过键盘输入 4 个数字，找出其中最小的数。

```
SET TALK OFF
【 1 】
INPUT "请输入第一个数字" TO X
M = X
DO WHILE I < = 3
    INPUT "请输入数字" TO X
    IF 【 2 】
        M = X
    ENDIF
        【 3 】
ENDDO
? "最小的数是", M
SET TALK ON
```

3. 程序改错题(每个 FOUND 的下一条语句有错误，其他处无错误，无需修改)

(1) 将 200 到 300 之间的所有能被 3 整除或被 5 整除的数求和并统计个数。

```
SET TALK OFF
STORE 0 TO S, C
I = 200
DO WHILE I < = 300
 * * * * * * * * * FOUND * * * * * * * * * *
    IF INT(I/3) = INT(I/5)
        S = S+I
 * * * * * * * * * FOUND * * * * * * * * * *
        C = C+I
    ENDIF
    I = I+1
    ENDDO
?"200 至 300 之间的所有能被 3 整除或被 5 整除的数之和 = "+STR(S, 6)
?"200 至 300 之间的所有能被 3 整除或被 5 整除的数的个数 = "+STR(C, 6)
SET TALK ON
```

(2) 计算并显示输出数列 1，-1/2，1/4，，-1/8，1/16 … 的前 10 项之和。

```
SET TALK OFF
Y = 0
STORE 1 TO I, C
 * * * * * * * * * FOUND * * * * * * * * * *
DO WHILE I < = 10
    Y = Y+(-1)^(C+1)/I
 * * * * * * * * * FOUND * * * * * * * * * *
```

```
        I = -I * 2
        C = C+1
```

    * * * * * * * * * * FOUND * * * * * * * * * *

```
ENDIF
? "数列前 10 项之和为:"，Y
SET TALK ON
```

（3）通过字符串变量操作先竖向显示"伟大祖国"，再横向显示"祖国伟大"。

```
STORE "伟大祖国" TO XY
CLEAR
```

    * * * * * * * * * * FOUND * * * * * * * * * *

```
N = 0
DO WHILE N<8
    ? SUBS(XY，N，2)
    N = N+2
ENDDO
?
```

    * * * * * * * * * * FOUND * * * * * * * * * *

```
?? SUBS(XY，4，4)
?? SUBS(XY，1，4)
```

4. 按下列要求编写程序

（1）计算 1+2+3+⋯+100 的和，同时求出其中奇数的和与偶数的和。

（2）输出 100 到 400 之间所有能被 11 整除的数。

（3）编程求 $P = 1+1/(2×2)+1/(3×3)+ ⋯ +1/(10×10)$，将结果存入变量 OUT 中。

（4）编程计算一个正整数各位上的数字之和。

（5）输入一个三位数，将个、十、百位顺序拆开分别存入变量 S 中，用加号分隔。如输入 345 分开后为 3+4+5。

（6）从键盘输入一个汉字字符串，将它逆向、纵向输出。如：输入"计算机考试"输出如下：

试

考

机

算

计

（7）编程求一个大于 10 的 n 位整数的后 $n-1$ 位的数，将结果存入变量 OUT 中。

（8）求 $n!$（$n! = 1×2×3×⋯×n$）。

（9）计算 $1! +2! +3! +⋯+10!$ 的值。

实验 4 一重循环程序设计—FOR 循环

一、实验目的

1. 掌握 FOR 循环语句的构成及其使用方法；
2. 掌握 FOR 语句执行次数的计算方法；
3. 掌握适合用 FOR 语句编程的循环问题。

二、实验内容

（一）要点复习

FOR 循环语句的语法格式如下：

```
FOR <内存变量>=<数值表达式 1> TO <数值表达式 2> [STEP<数值表达式 3>]
        <语句序列>
        [LOOP]
        [EXIT]
ENDFOR
```

（二）实验习题

1. 程序填空

（1）下面是计算 1+3+5+…+99 之和的程序。

```
SET TALK OFF
【1】
FOR I=1 TO   99【2】
    S=S+I
ENDFOR
?"结果=",【3】
SET TALK ON
```

（2）下面程序是计算 1+1+2+2+…+N+N 之和的平方根。

```
SET TALK OFF
INPUT TO N
【1】
FOR I=1 TO N
        S=【2】
ENDFOR
```

?"结果是", 【3】

RETURN

SET TALK ON

(3) 程序输入 N 的值，求 $T = 1+2+2^2+2^3+\cdots+2^n$

SET TALK OFF

【1】

【2】 TO N

FOR I = 0 TO N

　　T = T+【3】

ENDFOR

?"T 的值是:", T

SET TALK ON

2. 程序改错题

(1) 从键盘上输入 5 个数，将其中奇数求和、偶数求积。

　　S1 = 0

　 * * * * * * * * * * FOUND * * * * * * * * * *

　　S2 = 0

　　FOR I = 1 TO 5

　　　　　INPUT "请输入第"+STR(I, 1)+ "数" TO M

　 * * * * * * * * * * FOUND * * * * * * * * * *

　　　　　IF INT(M/2) = 0

　　　　　　　　S1 = S1+M

　　　　　ELSE

　　　　　S2 = S2 * M

　　　　ENDIF

　　ENDFOR

　　? "奇数和是", S1 或?"奇数和是", S1

　　? "偶数积是", S2 或?"偶数积是", S2

(2) 求 2! +4! +6! +···+10! 的和。

　　SET TALK OFF

　　S = 0

　 * * * * * * * * * * FOUND * * * * * * * * * *

　　T = 0

　　FOR N = 2 TO 10

　 * * * * * * * * * * FOUND * * * * * * * * * *

　　　T = T * (T-1)

　　　IF N%2 = 0

　 * * * * * * * * * * FOUND * * * * * * * * * *

　　　　　S = S+N

　　　ENDIF

```
ENDFOR
? S
SET TALK ON
```

3. 按下列要求编写程序

（1）计算 1+2+3+…+100 的值，并求其中奇数的和与偶数的和。

（2）计算 1！+2！+3！+…+10！的值。

（3）求 1~200 间的所有偶数的和，结果输入变量 OUT 中。

（4）编程计算表达式的值：$y=1-1/3+1/5-1/7+1/9$，将结果存入变量 OUT 中。

（5）求出 1~15 之间能被 3 整除的整数的阶乘和，将结果存入变量 OUT 中。

（6）编程求 sum＝3+33+333+3333+33333 的值，将结果存入变量 OUT 中。

（7）编程求 SUM＝3－33+333－3333+33333 的值，将结果存入变量 OUT 中。

（8）打印一个数列，前两个数是 0，1，以后的每个数都是其前两个数的和，输出此数列的第 20 项，将结果存入变量 OUT 中。

（9）编程求 fibonacci 数列前 28 项的和。已知数列的第一项值为 1，第二项值也为 1，从第三项开始，每一项均为其前面相邻两项的和。将结果存入变量 OUT 中。

（10）编程求序列 $s=2/1-3/2+5/3-8/5+13/8-21/13+34/21$ 的值。

（11）编程当 $n=10$ 时，计算如下表达式 $a10$ 的值。$a1=1$，$a2=1/(1+a1)$，$a3=1/(1+a2)$，…，$an=1/[1+a(n-1)]$。将结果存入变量 OUT 中。

（12）过滤已存在字符串变量 STR 中的内容，只保留字符串中的字母字符，并统计新生成字符串中包含的字母个数，将生成的结果字符串存入变量 OUT 中。

实验 5　多重循环程序设计

一、实验目的

1. 掌握循环嵌套的使用方法；
2. 掌握 EXIT 和 LOOP 语句的用法；
3. 掌握打印图形、求阶层和素数等常用算法。

二、实验内容

（一）要点复习

1. 循环的嵌套

在 VFP 中，若一个循环内又包含了一个完整的循环，称为循环的嵌套。循环之间可以相互嵌套，但必须是完整的嵌套，不能出现交叉。

2. EXIT 和 LOOP 的用法

EXIT 是结束当前层循环，使循环从循环体内跳出来，该循环结束，执行循环后面的语句。

LOOP 是结束本次循环，循环内 LOOP 后面的语句不执行，直接从循环开始处执行，但整个循环没有结束。

（二）实验习题

1. 程序填空

(1)显示输出图形：

```
* * * * *
* * *
*
SET TALK OFF
I = 1
DO WHILE 【 1 】
    J = 1
    DO WHILE J <= 7−2 * I
        【 2 】
        j = j+1
    ENDDO
    【 3 】
```

```
        ?
    ENDDO
    SET TALK ON
```

(2) 通过循环程序，输出"九九"乘法表。

```
1×1 = 1
1×2 = 2   2×2 = 4
1×3 = 3   2×3 = 6   3×3 = 9
1×4 = 4   2×4 = 8   3×4 = 12   4×4 = 16
1×5 = 5   2×5 = 10  3×5 = 15   4×5 = 20   5×5 = 25
……
    SET TALK OFF
    FOR N = 1 TO 9
        【 1 】
        【 2 】
            ?? STR(M, 1) + "×" +STR(N, 1) + " = " +【3】+ " "
        ENDFOR
    ENDFOR
    SET TALK ON
```

(3) 计算 $Y = 1 + 3^3/3! + 5^5/5! + 7^7/7! + 9^9/9!$ 的值

```
    SET TALK OFF
    S = 0
    FOR I = 1 TO 9【 1 】
    T = 1
        FOR J = 1 TO【 2 】
            T = T * J
        ENDF
        S = S +【 3 】
    ENDF
    ? 'S = ', S
    SET TALK ON
```

2. 程序改错

(1) 计算 1! ×3! ×9! 的乘积。

```
    SET TALK OFF
    M = 1
    * * * * * * * * * FOUND * * * * * * * * * *
    S = 0
    DO WHILE M <= 9
        I = 1
        P = 1
    * * * * * * * * * FOUND * * * * * * * * * *
```

```
        DO CASE I<=M
            P=P*I
            I=I+1
        ENDDO
        S=S*P
         * * * * * * * * * FOUND * * * * * * * * * *
            M=M+3
    ENDDO
        ?"1! ×3! ×9! =", S
    SET TALK ON
```

（2）以下程序输出如下图所示的图形。

```
! $!
! $! $! $
! $! $!
! $! $! $! $! $
SET TALK OFF
I=4
DO WHILE I<10
 * * * * * * * * * FOUND * * * * * * * * * *
    IF INT(I/2)=I/2
        I=I*2
    ELSE
        I=I-1
    ENDIF
    FOR J=1 TO I
 * * * * * * * * * FOUND * * * * * * * * * *
        IF J/2=0
            ?? "!"
        ELSE
            ?? " $ "
 * * * * * * * * * FOUND * * * * * * * * * *
        ENDDO
    ENDFOR
        ?
ENDDO
SET TALK ON
```

（3）打印由数字组成的图形，要求第一行空 10 个空格打印 5 个 1，第二行空 11 个空格打印 5 个 2，…，图形如下：

```
    11111
     22222
      33333
       44444
        55555
SET TALK OFF
CLEA
FOR I=1 TO 5
* * * * * * * * * * FOUND * * * * * * * * * *
    ? SPAC(9-I)
    FOR J=1 TO 5
* * * * * * * * * * FOUND * * * * * * * * * *
        ?? STR(J, 1)
    ENDFOR
ENDFOR
SET TALK ON
```

3. 按要求编写程序

(1) 打印如下图形。

```
    * * * * *              *           *        * * * * *
    * * * *              * * *        * *        * * * * *
    * * *              * * * * *      * * *       * * * * *
    * *              * * * * * * *    * * * *       * * * * *
    *              * * * * * * * * *  * * * * *        * * * * *
```

(2) 打印如下图形。

```
        1                    5
       222                  444
      33333                33333
     4444444              2222222
    555555555            1111111111
```

(3) 计算 1! +2! +3! +⋯+10! 的值。

(4) 编程求出 3! +4! +5! 的值, 将结果存入变量 OUT 中。

(5) 编程求 P=1×(1×2)×(1×2×3)× ⋯ ×(1×2× ⋯ ×N), N 由键盘输入, 将结果存入变量 OUT 中。

(6) 编程找出一个大于给定整数(68)且紧随这个整数的素数。

实验6 数　　组

一、实验目的

1. 掌握数组的定义与数组元素的赋值；
2. 掌握当前记录与数组的数据传递；
3. 掌握数组的常用算法。

二、实验内容

（一）要点复习

1. 数组的定义

注意：数组在使用前必须先定义。

命令格式：DIMENSION | DECLARE<数组名1>(<数值表达式1>[, <数值表达式2>])；
　　　　　　[, <数组名2>(<数值表达式1>[, <数值表达式2>])…]

2. 数组的赋值

数组的赋值与内存变量的赋值方法相同，即用 STORE 或"="命令。

3. 数组与数据库之间的数据传递

将数据库当前记录的内容传递到数组中。

命令格式：SCATTER TO<数组名>[FIELDS<字段名表>]

将数组元素的内容传递到当前数据库的当前记录中。

命令格式：GATHER FROM <数组名> [FIELDS<字段名表>]

（二）实验习题

1. 阅读程序，写出运行结果，并分析程序的功能。

（1）* L6-1. PRG

```
SET TALK OFF
DIMENSION A(10)
FOR I=1 TO 10
   INPUT TO A(I)
NEXT
MA=A(1)
MI=A(1)
FOR I=2 TO 10
   IF A(I)>MA
```

```
            MA = A(I)
      ENDIF
      IF A(I) < MI
            MI = A(I)
      ENDIF
NEXT
? MA，MI
SET TALK ON
```
输入的数据为：50　90　70　60　99　89　75　45　85　60(数据用回车分隔)。
（2）＊L6－2. PRG
```
SET TALK OFF
DIMENSION A(3，3)
FOR I = 1 TO 3
      FOR J = 1 TO 3
          INPUT TO A(I，J)
      NEXT
NEXT
FOR I = 1 TO 3
      FOR J = 1 TO 3
          ?? A(I，J)
      NEXT
      ?
NEXT
SET TALK ON
```
输入的数据为：1　2　3　4　5　6　7　8　9(数据用回车分隔)。
（3）＊L6－3. PRG
```
SET TALK OFF
DIM A(10)
FOR I = 1 TO 10
    INPUT "输入第" +STR(I，2)+"个数" TO A(I)
ENDFOR
FOR I = 1 TO 9
    FOR J = I+1 TO 10
    IF A(I) < A(J)
        TEMP = A(I)
        A(I) = A(J)
        A(J) = TEMP
      ENDIF
    ENDFOR
ENDFOR
```

```
FOR I = 1 TO 10
   ? A(I)
ENDFOR
SET TALK ON
```

输入的数据为：52 −15 23 90 −34 9 45 −3 56 100(数据用回车分隔)。

2. 程序填空

(1) 在歌星大奖赛中，有 10 个评委为参赛的选手打分，分数为 0～100 分。选手最后得分为：去掉一个最高分和一个最低分后其余 8 个分数的平均值。请编写一个程序实现。

```
SET TALK OFF
DIME A(10)
INPUT "请为参赛的选手打分:" TO A(1)
MAX = A(1)
MIN = A(1)
FOR I =【1】 TO 10
    INPUT   TO A(I)
    IF MAX < A(I)
        MAX = A(I)
    ENDIF
    IF MIN > A(I)
        MIN = A(I)
    ENDIF
ENDF
S = 0
FOR I = 1 TO 10
    S = S +【2】
ENDF
? "选手最后得分为:",【3】
SET TALK ON
```

(2) 求出 N×M 整型数组的最大元素及其所在的行坐标及列坐标(如果最大元素不唯一，选择位置在最前面的一个)。例如：输入的数组为：

```
        1   2   3
        4  15   6
       12  18   9
       10  11   2
```

求出的最大数为 18，行坐标为 3，列坐标为 2。

```
SET TALK OFF
CLEAR
DIME AA(4, 3)
FOR I = 1 TO 4
```

```
        FOR J=1 TO 3
            INPUT "INSERT A NUM:" TO AA(I, J)
        ENDF
    ENDF
    MAX=【1】
    ROW=1
    COL=1
    FOR I=1 TO 4
        FOR J=1 TO 3
            IF MAX<AA(I, J)
                【2】
                    ROW=I
                    COL=J
            ENDI
        ENDF
    ENDF
    ?'最大数为:',【3】
    ?'行坐标为:', ROW
    ?'列坐标为:', COL
    SET TALK ON
```

（3）求出二维数组周边元素之和。

```
    SET TALK OFF
      CLEAR
      DIME AA(3, 3)
      M=1
      FOR I=1 TO 3
        FOR J=1 TO 3
            AA(I, J)=M
                M=M+1
        ENDF
      ENDF
      S=【1】
      FOR I=1 TO  【2】
       S=S+AA(I, 1)+AA(I, 3)
      ENDF
      S=S+AA(1, 2)+AA(3, 2)
      ?'S='【3】S
      SET TALK ON
```

（4）编写程序，实现矩阵（3行3列）的转置（即行列互换）。

　　例如，输入下面的矩阵：

```
        1   2   3
        4   5   6
        7   8   9
```
程序输出：
```
        1   4   7
        2   5   8
        3   6   9
```
```
SET TALK OFF
DIME A(3, 3)
M = 1
FOR I = 1 TO 3
    FOR J = 1 TO 3
        A(I, J) = 【1】
        【2】
    ENDF
ENDF
FOR I = 1 TO 3
    FOR J = 1 TO 3
        ?? 【3】, ' '
    ENDF
    ?
ENDF
SET TALK ON
```

3. 按下列要求编写程序：

(1) 用数组编程求出 10 个正整数中的最大的偶数，将结果存入变量 OUT 中。

(2) 用数组编程求出 10 个正整数中的最小的奇数，将结果存入变量 OUT 中。

(3) 用数组编程求出 10 个正整数中的最大值与最小值的差。

(4) 编程求含有 10 个元素的一组数中大于平均值的数的个数，将结果存入变量 OUT 中。

(5) 求一个 4×4 的数组左下三角（包括主对角线）元素的和。

实验 7　模块化程序设计

一、实验目的

1. 掌握过程及过程文件的使用；
2. 掌握函数的定义及其使用方法；
3. 了解全局变量、局部变量和本地变量的概念及使用方法。

二、实验内容

（一）要点复习

1. 子程序

（1）子程序的结构

在 Visual FoxPro 程序文件中，可以通过 DO 命令调用另一个独立存在的程序文件，此时，被调用的程序文件就称为子程序。子程序的结构与一般的程序文件一样，而且也可以用 MODIFY COMMAND 命令来建立、修改和存盘，扩展名也默认为 .PRG。

（2）子程序的调用

命令格式：DO <子程序名> ［WITH<实参表>］

命令功能：调用指定的子程序。

命令说明：

① 子程序是一个存储于磁盘上的独立的程序文件。

② 子程序可以被多次调用，也可以嵌套调用。

③ 可选项 WITH<实参表>的功能主要是将参数传递给子程序。实参表中可以写多个参数，参数之间用逗号分隔。传递给一个程序的参数最多为 24 个。

（3）形式参数的定义

命令格式：PARAMETERS<形参表>

命令功能：接收调用命令中的实参值并在调用后返回对应参数的计算值。

命令说明：

① 该命令必须为子程序中的第一条语句。

② <形参表>中可以写多个参数，参数之间用逗号分隔。

注意：用子程序处理问题时，得到的结果，一般通过参数传递带回，所以在实参传递时要多传递一个接收结果的参数。

（4）返回主程序语句

命令格式：RETURN ［<表达式>｜ TO MASTER｜ TO <过程名>］

命令功能：将程序控制权返回给调用程序。

命令说明：

①［<表达式>]：指定返回给调用程序的表达式。如果省略 RETURN 命令或省略返回表达式，则自动将".T."返回给调用程序。

②［TO MASTER]：将控制权返回给最高层的调用程序。

③［TO <过程名>]：将控制权返回给指定的过程。

2. 过程

命令格式：

PROCEDURE <过程名>

［PARAMETERS <参数表>]

　　　<命令序列>

ENDPROC｜RETURN

说明：

（1）过程通常与主调程序在一起，但也可以单独为一个程序文件；

（2）过程的调用方法：

① 若过程与主调程序在一起，调用方式为：

DO <过程名> WITH <参数表>

② 若过程以程序文件的形式单独出现，调用方式为：

DO <过程名> WITH <参数表>　 IN <过程文件名>

注意：用过程处理问题时，结果的处理方法与子程序一样，得到的结果，一般也要通过参数传递带回，所以在实参传递时要多传递一个接收结果的参数。

3. 函数

命令格式：

［FUNCTION <函数名>［(参数)]]

［PARAMETERS <参数表>]

　　　<命令序列>

RETURN <表达式>

说明：

（1）若用 FUNCTION 表明该函数包含在主调程序中，若缺省表示函数是一个独立文件；

（2）RETURN <表达式>用于返回函数值，缺省返回 .T. ，因此用函数实现时，不需要传递接收结果的参数；

（3）函数调用方式：

函数名(<参数>)

4. 变量的作用域

根据变量的作用范围不同，内存变量分为全局变量、局部变量和本地内存变量三种。

（1）全局变量

在任何模块中都能使用的内存变量称为全局变量，也称为公共变量。全局变量需要先定义后使用。

命令格式 1：

PUBLIC <内存变量表>

命令格式 2：

PUBLIC［ARRAY］<数组名>(<下标上界1>［，<下标上界2>］)［，…］

命令功能：定义全局内存变量或数组。

说明：

① 定义后尚未赋值的全局变量其值为逻辑值 . F. 。

② 在命令窗口中建立的所有内存变量或者数组自动定义为全局变量。

③ 全局变量就像在一个程序中定义的变量一样，可以任意改变和引用，当程序执行完后，其值仍然保存不释放。欲清除这种变量，必须用 RELEASE 命令。

（2）局部变量

程序中使用的内存变量，凡未经特殊说明均属于局部变量，局部变量只能在定义它的程序及其下级程序中使用，一旦定义它的程序运行结束，它便自动被清除。也就是说，在某一级程序中定义的局部变量，不能进入其上级程序使用，但可以到其下级程序中使用，而且当在下级程序中改变了该变量的值时，在返回本级程序时被改变的值仍然保存，本级程序可以继续使用改变后的变量值。

如果在某一级模块中使用的变量名称可能与上级模块使用的变量名称一样，而这些变量返回到上级模块时，又不想让子程序中变量值影响上级模块中同名变量的值，Visual FoxPro 提供了屏蔽上级模块变量的方法，被屏蔽的变量名当子程序结束返回到主程序时，不会影响主程序中同名变量的值。下述声明变量的命令方法就能起到屏蔽上级同名变量的作用。

PRIVATE<内存变量表>

说明：被屏蔽的内存变量只能在当前以及下级程序中有效，当本级程序结束返回上级程序时，内存变量自动清除，主程序中同名变量恢复其原来的值。

（3）本地变量

命令格式：LOCAL <内存变量表>

命令功能：建立本地变量，只能在建立它的模块内有效，不能在上级与下级模块内使用，未赋值时初值为 . F. 。

（二）实验习题

1. 读程序写结果，并分析变量的作用范围。

（1） ＊L7-1. PRG

```
SET TALK OFF
VAL1 = 10
VAL2 = 15
DO P1
? VAL1，VAL2
RETURN

PROCEDURE P1
PRIVATE VAL1
VAL1 = 50
VAL2 = 100
```

```
? VAL1，VAL2
RETURN
SET TALK ON
(2) ＊L7-2. PRG
SET TALK OFF
PUBLIC X，Y
X=10
Y=100
DO P1
? X，Y
SET TALK ON
RETURN

PROCEDURE P1
PRIVATE X
X=50
LOCAL Y
DO P2
? X，Y
RETURN

PROCEDURE P2
X="AAA"
Y="BBB"
RETURN
```

2. 按下列要求编写程序。

（1）从键盘输入一个整数，输出所有能整除该数，并且本身也能被 3 整除的数的和（例如：输入 6，则输出 3，6）。结果存于变量 X 中，要求用 FOR 循环语句实现。

```
SET TALK OFF
INPUT TO N
? FUN(N)
SET TALK ON
RETURN

FUNCTI FUN(A)
X=0
* * * * * * * * * Program * * * * * * * * * *


* * * * * * * * * * End * * * * * * * * * *
```

```
   RETURN X
```

(2) 从键盘输入一个数，如果该数字大于 0，通过子程序输出该数字作为半径的圆面积；如果该数字小于等于 0，则输出"不能作为圆的半径"。(PI = 3.14)将结果存入变量 OUT 中。

```
   SET TALK OFF
   INPUT TO   A
   ? FUN( A)
   RETURN
   SET TALK ON

   FUNCTION FUN( R)
   OUT = -1
    * * * * * * * * * Program * * * * * * * * * *




    * * * * * * * * *   End   * * * * * * * * * *
   RETURN OUT
```

(3) 编程求 P = 1×(1×2)×(1×2×3)× … ×(1×2× … ×N)，N 由键盘输入，将结果存入变量 OUT 中。要求用 FOR…ENDFOR 编程。

```
   SET TALK OFF
   INPUT "请任意输入一个数字:" TO N
   ? FUN( N)
   RETURN
   SET TALK ON

   FUNCTION FUN( N)
   OUT = -1
    * * * * * * * * * Program * * * * * * * * * *




    * * * * * * * * *   End   * * * * * * * * * *
   RETURN OUT
```

(4) 输入一个三位数，将个、十、百位顺序拆开分别存入变量 S 中，用加号分隔。如输入 345 分开后为 3+4+5，要求用 DO WHILE 语句实现。

```
   SET TALK OFF
   ? FUN( 345)
```

```
RETURN
SET TALK ON

FUNC FUN(N)
S=""
* * * * * * * * * * Program * * * * * * * * * *




* * * * * * * * * End * * * * * * * * * *
RETURN S
```

（5）从键盘输入一个汉字字符串，送入变量 S 中，将它逆向存入变量 Y 中，如：输入"计算机考试"，输出为"试考机算计"，要求用 For 循环实现。

```
SET TALK OFF
S=""
A="计算机考试"
? FUN(A)
RETURN
FUNCTIO FUN(S)
Y=""
* * * * * * * * * Program * * * * * * * * * *




* * * * * * * * * End * * * * * * * * * *
RETURN Y
```

实验 8　表的建立与维护

一、实验目的

1. 掌握数据表结构的建立、修改和显示操作；
2. 掌握数据表记录的输入、修改、显示和删除等操作。

二、实验内容

1. VFP 中设置默认路径

利用"资源管理器"在 E 盘根目录下创建一个文件夹 VFP。将文件夹 VFP 设置成默认路径：

（1）使用"选项"对话框配置

在菜单"工具→选项→文件位置→默认目录"进行设置。

（2）利用 SET DEFAULT TO 命令实现

在命令窗口键入 SET DEFAULT TO E:\VFP 并回车。

2. 建立学生表，表名为学生.DBF，表结构如表 8-1 所示，记录内容如表 8-2 所示。

表 8-1　学生.DBF 的表结构

字 段 名	字 段 类 型	字 段 宽 度	小 数 位 数	NULL
学号	字符型	6		否
姓名	字符型	10		是
性别	字符型	2		是
出生日期	日期型	8		是
少数民族否	逻辑型	1		是
籍贯	字符型	10		是
入学成绩	数值型	5	1	是
简历	备注型	4		是
照片	通用型	4		是

表 8-2　学生.DBF 的记录内容

学号	姓名	性别	出生日期	少数民族否	籍贯	入学成绩	简历
180110	胡敏杰	男	04/23/84	.T.	云南	575.0	
190101	王丽红	女	09/07/84	.F.	湖南	565.0	省"优秀三好学生"
190102	李萧怀	女	11/15/83	.F.	江苏	605.0	
190210	赵森	男	07/10/84	.T.	贵州	557.0	

续表

学号	姓名	性别	出生日期	少数民族否	籍贯	入学成绩	简历
190219	欧阳天地	男	05/20/81	.F.	黑龙江	564.0	省"优秀学生干部"
200101	李勤奋	男	02/21/82	.F.	云南	560.0	
200109	周　倩	女	01/10/85	.F.	湖南	595.0	
210123	陈华康	男	06/17/81	.T.	湖北	579.0	
210221	刘彬彬	女	12/09/82	F	河北	565.0	
220230	王冰雪	女	01/15/84	.F.	江苏	567.0	

3. 根据学生表写出完成下列操作的命令序列。

（1）显示学生表的结构；

（2）显示学生表的所有记录；

（3）显示第 4 条记录内容；

（4）显示所有男学生的姓名、出生日期和入学成绩；

（5）显示 1982 年以前出生的所有学生信息；

（6）显示前 6 条记录，不显示记录号；

（7）显示入学成绩在 560 以下或 600 以上的所有学生信息；

（8）显示所有姓李的学生信息。

4. 根据学生表写出完成下列操作的命令序列。

（1）将学生 .DBF 的内容复制到 XS1.DBF 中；

（2）将学生 .DBF 表中所有女同学的记录复制到 XS2.DBF 中；

（3）将学生 .DBF 表中的姓名、性别、入学成绩和籍贯字段复制到表 XS3.DBF 中；

（4）利用表设计器为 XS1.DBF 增加一字段：年龄（I）（位于出生日期字段之后，I 代表类型为整型）；

（5）将 XS1.DBF 中湖南的学生每人入学成绩增加 5 分；

（6）将 XS1.DBF 中李勤奋的少数民族否改成 .T.；

（7）计算并添加 XS1. DBF 中的年龄字段值；

（8）将 XS1. DBF 中第 5 条记录和第 6 条记录之间插入一条空记录；

（9）给 XS2. DBF 中的所有记录加上删除标记；

（10）逻辑删除 XS1. DBF 中的所有女生的信息；

（11）取消 XS1. DBF 中的所有女生记录的删除标记；

（12）物理删除 XS2. DBF 中所有带删除标记的记录。

5. 根据学生表写出完成下列操作的命令序列。
（1）显示学生 . DBF 表的结构信息；

（2）复制学生 . DBF 表的结构到 XS4. DBF；

（3）复制学生 . DBF 表的结构到 XS5. DBF，其中 XS5. DBF 只含有姓名、性别、入学成绩和籍贯 4 个字段，无记录内容；

（4）将 XS3. DBF 表中的记录内容添加到 XS5. DBF 表中。

实验 9 表的排序、索引与统计

一、实验目的

1. 掌握排序和索引的概念及命令使用方法；
2. 掌握索引的类型；
3. 掌握索引文件的打开、关闭和删除等操作；
4. 掌握表的数据求和、求平均值、统计和分类汇总等操作。

二、实验内容

(一) 命令操作

1. 排序操作

命令格式：

SORT TO <新表文件名> ON <字段名 1> [/A][/D][/C] [，<字段名 2>[/A][/D]；
　　　　[/C]…][ASCENDING｜DESCENDING][<范围>][FOR<条件>]；
　　　　[WHILE<条件>][FIELDS<字段名表>]

2. 索引操作

(1) 索引文件的建立

命令格式 1：

INDEX ON <索引关键字表达式> TO <单独索引文件名>[ASCENDING]；
　　　　[UNIQUE] [FOR<条件>][ADDITIVE][COMPACT]

命令格式 2：

INDEX ON <索引关键字表达式> TAG<索引标识符>[OF<索引文件名>]；
　　　　[ASCENDING｜DESCENDING] [UNIQUE][FOR<条件>][ADDITIVE]

(2) 索引文件的打开与关闭

索引文件的打开：

命令格式 1：

USE<表文件名>INDEX<索引文件名表>；
　　　　[ORDER<数值表达式>]｜[单独索引文件名]；
　　　　[TAG<索引标识符>[OF<复合索引文件名>]][ASCENDING][DESCENDING]

命令格式 2：

SET INDEX TO [<索引文件名表>]；
　　　　ORDER [<数值表达式>]｜[单独索引文件名]｜[TAG<索引标识符>；

　　　　［OF<复合索引文件名>］］［ASCENDING］［DESCENDING］

索引文件的关闭：

命令格式 1：CLOSE INDEX

命令格式 2：SET INDEX TO

（3）主控索引文件的设定

命令格式：

SET ORDER TO［<数值表达式>|<单独索引文件名>］| TAG<索引标识符>；

　　　　［OF<非结构复合索引文件名>］［ASCENDING | DESCENDING］［ADDITIVE］

注意：若不带任何短语即 SET ORDER TO 或 SET ORDER TO 0 则取消对主控索引的设定。

（4）索引文件的重建

命令格式：REINDEX

使用该命令索引文件必须打开。

（5）删除索引

1）删除索引文件：用 DELETE FILE 命令。

2）删除索引文件中的索引标识符

格式 1：DELETE TAG <索引标识符 1> ［OF <复合索引文件名 1>］［，<索引标识符 2>］
［OF <复合索引文件名 2>］……］

格式 2：DELETE TAG ALL

（二）实验习题

此实验用到的数据源：学生 . DBF。

1. 根据学生表写出完成下列操作的命令序列。

（1）以姓名字段升序排序，组成新的表文件 PX1. DBF，其字段为学生 . DBF 中的所有字段；

（2）以入学成绩字段降序排序，组成新的表文件 PX2. DBF，其字段为学生 . DBF 中的所有字段；

（3）以第一关键字籍贯字段升序、第二关键字入学成绩降序排序，组成新的表文件 PX3. DBF，其组成字段为学号、姓名、籍贯和入学成绩；

（4）对学生表的所有男同学按出生日期字段建立 IDX 索引文件，文件名为 CSRQ. IDX，并显示记录；

（5）对学生表的所有记录按姓名和籍贯字段建立 IDX 索引文件，文件名为 XMJG. IDX，并显示记录；

（6）显示入学成绩在前 5 名的学生信息；

（7）对学生表的所有记录按入学成绩字段建立复合索引，索引标记为 RXCJ；

（8）对学生表的所有记录按学号字段降序建立复合索引，索引标记为 XH；

（9）将索引标识符为 XH 的索引设置为主控索引；

（10）用表设计器，按性别字段升序建立普通索引，索引标记为 XB，并显示记录；

（11）将学生表倒置浏览，并存入 XS. DBF 中（即学生 . DBF 的首记录在 XS. DBF 的末记录）。

提示：将学生表按记录号降序进行索引，将索引后的表复制到 XS. DBF 中。

```
USE 学生
INDEX ON RECNO( ) TAG JLH DESC
BROWSE
COPY TO XS
USE XS
BROWSE
```

2. 根据学生表写出完成下列操作的命令序列。

（1）用 LOCATE 命令查询并显示学生"欧阳天地"的信息；

（2）用 LOCATE 命令和 CONTINUE 命令查询并逐条显示入学成绩大于等于 590 的记录；

（3）分别用 FIND 命令和 SEEK 命令查询"李勤奋"的记录内容，并显示其内容；

（4）索引查询 1985 年 1 月 10 日出生的职工的记录内容，并显示其内容；

（5）分别统计男学生和女学生的人数，存入变量 A 和 B 中，并显示内容；

（6）计算所有学生的入学成绩的平均值，存入变量 AVG 中，并显示内容；

（7）计算女学生的入学成绩之和，并存入内存变量 SUM 中，并显示内容；

（8）计算所有学生的平均年龄，存入变量 PJNL 中，并显示内容。

3. 有下列命令：

```
USE 学生
```

INDEX ON 姓名 TAG XM

SKIP

GO TOP

DISPLAY　学号，姓名

回答下列问题并上机验证。

（1）命令的最后输出结果是什么？

（2）命令中的 GO TOP 与 GO 1 是否等价？

（3）去掉其中的 INDEX 命令，命令的最后输出结果是什么？这时候命令中的 GO TOP 与 GO 1 等价吗？

实验 10 多表操作

一、实验目的

1. 掌握多工作区操作的基本概念；
2. 掌握多表操作的方法；
2. 掌握数据表的联接、关联及更新操作等。

二、实验内容

(一) 命令操作

1. 工作区的选择

命令格式：SELECT <工作区号>丨<别名>

2. 表文件的连接

命令格式：JOIN WITH <别名> TO <新表文件名> FOR <条件> [FIELDS<字段名表>]

3. 表文件的关联

命令格式：SET RELATION TO [<表达式 1> INTO <工作区号 1>丨<别名 1> [，<表达式 2> INTO <工作区号 2>丨<别名 2>……] [ADDITIVE]

(二) 实验习题

此实验用到的数据源：学生 . DBF。

1. 建立如下的课程表和选课表，表结构及记录内容如下。

(1) 课程 . DBF 的表结构：课程(课程号 C(5)，课程名 C(20)，学分 I)，记录内容如图 10-1 所示。

(2) 选课 . DBF 的表结构：选课(学号 C(6)，课程号 C(5)，成绩 N(5，1))，记录内容如图 10-2 所示。

2. 根据要求写出完成下列操作的命令序列。

(1) 选择 1 号工作区，打开学生表，并将该表的别名命名为 STUDENT；

(2) 选择 2 号工作区，打开课程表；

(3) 选择 3 号工作区，打开选课表；

(4) 为学生表和选课表建立临时关系，显示学号、姓名和成绩；

提示：

SELECT 3

USE 选课

INDEX ON 学号 TAG XH

```
SELECT 1
USE 学生
INDEX ON 学号 TAG XH
SET RELATION TO 学号 INTO C
LIST A->学号，姓名，C->成绩
```

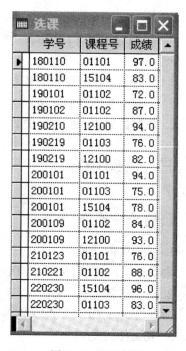

图 10-2　选课表

图 10-1　课程表

（5）为选课表和课程表建立临时关系，显示学号、课程名、成绩和学分；

（6）将学生表和选课表联接成一个新表 XSXK.DBF，其中含有学号、姓名、性别、课程号和成绩 5 个字段。

提示：

```
SELECT 3
USE 选课
SELECT 1
USE 学生
JOIN WITH C TO XSXK FOR 学号=C->学号 ；
    FIELDS A->学号，姓名，性别，C->课程号，C->成绩
USE XSXK
BROWSE
```

3. 控制字段和记录的访问。

（1）只显示学生表的学号、姓名和性别；

（2）只显示学生表中的少数民族的男同学。

4. 在数据工作期中建立表间的关系。

（1）在"数据工作期"中建立"课程表"和"成绩表"间一对多的关系；

（2）在"数据工作期"中建立"成绩表"和"课程表"间多对一的关系。

实验 11　数据库的操作

一、实验目的

1. 掌握数据库的建立、打开、关闭等基本操作；
2. 掌握为数据库建立永久关系的作用和方法；
3. 掌握字段级、记录级有效性规则和参照完整性的建立等方法。

二、实验内容

(一) 命令操作

1. 建立数据库命令
CREATE DATABASE 数据库文件名
2. 修改数据库命令
MODIFY DATABASE 数据库文件名

(二) 实验习题

此实验用到的数据源：学生.DBF、选课.DBF 和课程.DBF。

1. 数据库的创建及数据表的添加、修改和删除。

(1) 建立学生管理数据库.DBC 数据库；

(2) 在学生管理数据库中建立数据库表，表名称为授课.DBF 和教师.DBF，表结构和内容如下：

授课.DBF 的结构：授课(课程号 C(5)，教师号 C(5)，学生人数 N(3, 0))

授课.DBF 的记录内容如图 11-1 所示。

教师.DBF 的结构：教师(教师号 C(5)，姓名 C(10)，出生日期，职称 C(10))

教师.DBF 的记录内容如图 11-2 所示。

授课		
课程号	教师号	学生人数
01101	14011	60
01102	15001	56
01102	15011	64
01103	14012	66
01103	15011	58
01103	16115	59
12100	16101	67
15104	16101	38
15104	14011	35

图 11-1　授课表

教师			
教师号	姓名	出生日期	职称
14011	柳铭才	09/07/63	教授
14012	廖工	10/12/70	讲师
15001	赵布云	03/23/56	副教授
15011	成恭奇	06/17/75	讲师
16101	姜孔	12/25/68	讲师
16115	赵达羽	11/03/52	教授

图 11-2　教师表

（3）在学生管理数据库中建立数据库表，表名称为 XSA.DBF 和 XSB.DBF，表结构和内容任意。

（4）把自由表学生表、选课表、课程表添加到学生管理数据库中。

（5）将 XSA.DBF 从数据库中移去，将 XSB.DBF 从数据库中删除。

（6）为教师表定义一个长表名，称为教师情况一览表.DBF。

2. 字段有效性和记录有效性的设置

（1）为课程表中的学分字段设置默认值为2。有效性规则为学分必须大于等于2小于等于4，有效性说明为"学分必须在2与4之间"。

（2）为学生表中的性别字段设置有效性规则为只能输入"男"或"女"，有效性说明输入文字为"性别输入错误！只能输入男或女"，默认值为"男"。

（3）为学生表设置记录级有效性规则，要求入学成绩字段的取值范围为大于等于0小于等于700，相应的有效性说明，"入学成绩必须大于等于0小于等于700！"。

3. 数据表之间的关联及参照完整性

（1）建立学生管理数据库中5个数据库表的索引如表11-1所示：

表 11-1　各表所建的索引

数据库表	索引字段	索引类型	索引标识
学生表	学号	主索引	XH
选课表	学号	普通索引	XH
选课表	课程号	普通索引	KCH
课程表	课程号	主索引	KCH
授课表	课程号	普通索引	KCH
授课表	教师号	普通索引	JSH
教师表	教师号	主索引	JSH

（2）分别建立学生表和选课表、课程表和选课表、课程表和授课表、教师表和授课表之间的永久关系。

（3）设置学生表和选课表的参照完整性，将更新规则设为"级联"，将删除规则设为"限制"，将插入规则设为"限制"。

（4）设置课程表和选课表的参照完整性，将更新规则设为"级联"，将删除规则设为"限制"，将插入规则设为"限制"。

实验 12　和表相关的程序设计

一、实验目的

1. 掌握 SCAN 循环语句的构成及其使用方法；
2. 掌握 EOF( )、BOF( )等常用的和表相关函数用法。

二、实验内容

(一)要点复习

1. 数据库的循环(SCAN...ENDSCAN)
   SCAN［<范围>］［FOR<条件>］［WHILE<条件>］
   　　　　<语句序列>
   　　　　［LOOP］
   　　　　［EXIT］
   ENDSCAN
   2. DO WHILE 处理表操作
   　DO WHILE NOT EOF( )
   　　　　<语句序列>
   　　　　［LOOP］
   　　　　［EXIT］
   　　　　SKIP
   　ENDDO

(二) 实验习题

1. 填空题
(1)复制表 XSGL. DBF，生成新表 XSGL1. DBF，在新表中查找所有男同学的记录，并将男同学的记录逻辑删除。

```
SET TALK OFF
USE XSGL
【 1 】
USE XSGL1
LOCATE FOR 性别=" 男 "
DO WHILE FOUND( )
【 2 】
```

【3】

ENDDO

USE

SET TALK ON

(2) 从键盘输入一个表的文件名，将该表的第一条记录和最后一条记录的"姓名"字段内容互换。（设表中有固定字段"姓名"）。

SET TALK OFF

ACCEPT TO A

USE &A

GO 1

XM1＝姓名

GO BOTTOM

【1】

REPL 姓名 WITH 【2】

【3】

REPL 姓名 WITH XM2

USE

SET TALK ON

(3) 依次显示 XSDB. DBF 数据表中的记录内容。

【1】

DO WHILE【2】

DISP

【3】

ENDDO

USE

(4) 列出 XSDB. DBF 数据表中法律系学生记录，将结果显示输出。

【1】

DO WHILE . T.

　IF 系别＝"法律"

　　DISP

　ENDIF

　【2】

　IF EOF( )

　　【3】

　ENDIF

ENDDO

(5) 查找 XSDB 表中计算机成绩最高分的学生，将其姓名和计算机字段的内容显示出来，如：王迪　98。

USE XSDB

MAX＝计算机

【1】

```
do while . NOT. EOF( )
    IF MAX<计算机
        MAX＝计算机
        【2】
    ENDIF
【3】
ENDDO
? XM, MAX
USE
```

2. 改错题

(1)从键盘输入一个表名，打开该表文件，移动记录指针到文件头，输出当前记录号；再移动记录指针到文件尾，输出当前记录号。

```
SET TALK OFF
ACCEPT TO A
* * * * * * * * * *FOUND* * * * * * * * * *
FIND   A
GO TOP
* * * * * * * * * *FOUND* * * * * * * * * *
NEXT
? RECNO( )
GO BOTTOM
* * * * * * * * * *FOUND* * * * * * * * * *
NEXT   −1
? RECNO( )
USE
SET TALK ON
```

(2) 在 RSH. DBF 中，查找职工赵红的工资，如果工资小于 200 元，则增加 100 元；如果工资大于等于 200 元且小于 500 元时，则增加 50 元；否则增加 20 元。最后显示赵红的姓名和工资。

```
SET TALK OFF
CLEAR
USE   RSH
* * * * * * * * * * *FOUND* * * * * * * * * * *
LOCATE FOR 姓名 =赵红
DO   CASE
        CASE   工资< 200
            REPLACE   工资   WITH 工资+ 100
        CASE   工资< 500
            REPLACE   工资   WITH 工资+ 50
```

```
            OTHERWISE
                REPLACE   工资   WITH 工资+ 20
        ENDCASE
        * * * * * * * * * *FOUND* * * * * * * * * * *
        LIST   姓名，工资
        USE
        SET TALK ON
```

（3）用循环程序计算 XSDB.DBF 中法律系学生的计算机平均成绩、英语平均成绩和奖学金总额。

```
        USE XSDB
        STORE 0 TO JSJ，YY，JXJ，RS
        LOCA FOR 系别="法律"
        * * * * * * * * * *FOUND* * * * * * * * * * *
        DO WHILE FIND( )
            JSJ=JSJ+计算机
            YY=YY+英语
            JXJ=JXJ+奖学金
            RS=RS+1
            CONT
        ENDDO
        * * * * * * * * * *FOUND* * * * * * * * * * *
        ? JSJ，YY，JXJ
```

3. 编程题

（1）在学生表中，输入学号显示其姓名和入学成绩。

（2）根据学生表，统计出学生.DBF 表中籍贯为"湖南"的人数。

（3）逐条输出学生表中所有学生的记录。

（4）显示学生表中入学成绩最高的记录信息。

（5）设表 RSDA.DBF 结构为：学号（C，5），姓名（C，6），职称（C，6），统计出 RS-DA.DBF 表中职称为"工程师"的人数。

实验 13　查询与视图设计

一、实验目的

1. 掌握使用查询设计器建立查询的方法；
2. 掌握使用视图设计器建立视图的方法。

二、实验内容

(一) 命令操作

1. 创建查询命令
   CREATE QUERY
2. 运行查询命令
   DO 查询文件名 . QPR
3. 创建视图命令
   CREATE SQL VIEW <视图名> AS <SQL SELECT 命令>

(二) 实验习题

此实验用到的数据源：学生 . DBF、选课 . DBF 和课程 . DBF。

1. 使用查询向导查询学生表中 84 年以前出生的学生信息，查询文件名为 QX1. QPR；

2. 使用查询设计器创建查询，分组计算学生表中男女学生的入学平均成绩，查询文件名为 QX2. QPR；

3. 使用查询设计器创建查询，用于查询学生表中 1983 年 1 月 1 日至 1984 年 12 月 31 日之间出生的学号、姓名、性别和出生日期，并将查询结果输出到一个新表 TEST. DBF 中，查询文件名为 QX3. QPR；

4. 使用查询设计器创建查询，查询每个省的学生人数，并将查询结果以条形图形式显示，查询文件名为 QX4. QPR；

5. 使用查询设计器创建查询，查询所有女生的学号、姓名、课程号、课程名和成绩，查询文件名为 QX5. QPR；

6. 使用本地视图向导为学生表创建视图为 ST1，并按出生日期升序排序；

7. 使用视图设计器为学生表创建视图 ST2，要求统计出男女生人数；

8. 对自由表学生 . DBF 使用视图设计器创建视图 ST3，该视图中包括所有男生的学号、姓名、性别和出生日期等字段，并设置"更新条件"，更新关键字为"学号"，可更新字段为除"学号"外的所有字段；设置"更新条件"，更新字段为"姓名"。然后在该视图中修改其中一个学生的姓名，再关闭视图，返回到表中查看结果；

9. 利用视图设计器创建视图 ST4，要求包含学号、姓名、出生日期、课程号、课程名和成绩等信息；

10. 利用视图设计器创建视图 ST5，要求包括全部学生的基本信息和课程号、课程名称、成绩，所有数据只能浏览，不能修改。

实验 14　SQL 语言的应用

一、实验目的

1. 掌握 SQL 语言的基本概念和基本用法；
2. 掌握 SQL 语言的数据查询、数据定义和数据更新功能；
3. 掌握利用 SQL 语言进行多表之间的查询操作。

二、实验内容

（一）命令操作

1. SQL 的数据查询功能（简单查询、嵌套查询、联接查询、分组与计算查询）。
2. SQL 语言的数据定义语句（CREATE TABLE，ALTER TABLE 等）。
3. SQL 语言的数据修改语句（DELETE，INSERT，UPDATE 等）。

（二）实验习题

此实验用到的数据源：学生 . DBF、选课 . DBF 和课程 . DBF。

1. SQL 语言的简单查询
（1）查询学生表中的所有学生信息；
（2）查询学生表中女同学的信息；
（3）查询姓"李"学生的学号、姓名、性别、出生日期和籍贯；
（4）查询学生表中出生日期在 1983 年 1 月 1 日至 1984 年 12 月 31 日的所有学生姓名、出生日期和性别；
（5）分别统计出学生表的男、女生的平均年龄，查询结果显示性别和平均年龄两个字段；
（6）查询学生表中入学成绩的最高分；
（7）查询学生表中男学生的信息，并按入学成绩由高到低排序；
（8）求出湖南学生的入学成绩平均分；
（9）列出入学成绩小于 560 和大于 580 分的学生信息；
（10）求学生表中女学生的人数。
2. SQL 语言的高级查询
（1）列出选修"面向对象程序设计"的所有学生的学号和姓名；
（2）列出选修"面向对象程序设计"或"软件工程"的所有学生的学号和姓名；
（3）输出所有学生的成绩单，要求给出学号、姓名、性别、课程号、课程名和成绩；
（4）列出女生的选课情况，要求列出学号、姓名、课程号、课程名、授课教师和学分数；

（5）列出少数民族学生的学号、姓名、少数民族否、课程号及成绩；

（6）按性别的顺序列出学生的学号、姓名、性别、课程名及成绩，性别相同的再先按课程名后按成绩由低到高排序；

（7）列出平均成绩大于 70 分的课程号；

（8）分别统计男女生中少数民族的人数；

（9）查询选修了课程的学生信息，查询结果存储到表 AA. DBF 中；

（10）查询学生表中入学成绩大于平均入学成绩的学生信息，查询结果存储到表 BB. DBF 中；

（11）查询学生表中入学成绩小于 600，但接近 600 的学生信息，查询结果包括学号、姓名和入学成绩；

（12）查询所有未被学生选修的课程号和课程名。

3. 用 SQL 语言完成如下操作。

（1）按照学生表的表结构，创建自由表 XSLX. DBF；

（2）为 XSLX 表增加一个"家庭地址"字段，类型为字符型，宽度为 20；

（3）删除 XSLX 表中的简历和照片字段；

（4）为 XSLX 表插入两条记录（内容自拟）；

（5）将 XSLX 表中的男同学的入学成绩增加 5 分。

实验 15　项目管理器使用

一、实验目的

1. 掌握项目的建立方法和项目管理器的组成；
2. 掌握项目管理器的使用方法；
3. 掌握文件连编方法。

二、实验内容

用菜单方式完成下列习题：

1. 创建一个项目"教学项目 . PJX"。
2. 在项目管理器中创建自由表"LX. DBF"，表结构如表 15-1 所示。

表 15-1　LX. DBF 的表结构

字段名称	类型	宽度	小数位	字段说明
XH	字符型	3		学号
XM	字符型	8		姓名
XB	逻辑型			性别
CSRQ	日期型			出生日期
JSJ	数值型	7	2	奖学金
BZ	备注型			备注

操作过程如下：

点击"数据"折叠图标，使之展开，选中"自由表"，然后选择"新建"，进入到下一级菜单，选择"新建表"，输入表名为"LX"，点击"保存"。进入下一级菜单，输入各个字段的名字、类型和宽度。然后点击"确定"，输入表的数据，数据如表 15-2 所示。

表 15-2　LX. DBF 的记录内容

XH	XM	XB	CSRQ	JSJ	BZ
001	王铁	. T.	{04/07/85}	100	
002	王刚	. T.	{02/09/84}	170	
003	李丽	. F.	{10/07/87}	130	
004	李军	. T.	{06/03/86}	100	
005	刘一手	. T.	{03/21/85}	180	省"三好学生"

3. 在项目管理器中对自由表"LX. DBF"进行表结构的修改，将 XH 字段的宽度由 3 改为 7。
4. 在项目管理器中对自由表"LX. DBF"进行表数据的修改和追加。

操作过程如下：

先选中学生表，点击"浏览"，进入数据窗口，选择"显示"菜单下的"追加方式"添加一个空记录，再输入相应的数据。

5. 浏览与编辑记录的操作实验

在"数据工作期"中打开 LX.DBF，并使用"数据过滤器"使得在浏览窗口中，只显示女同学的记录。

6. 数据导入、导出实验

（1）将 LX.DBF 中的所有记录分别导出为 EXCEL 表。

操作过程如下：

① 选择"文件"下的"导出"命令，打开"导出"对话框；

② 在"类型"框中，选择 MICROSOFT EXCEL 5.0；

③ 在"到"框中，输入"E:\VFP\A1.XLS"；

④ 在"来源于"框中选定 LX.DBF；

⑤ 单击"确定"按钮。

（2）将刚导出的 EXCEL 表文件中，所有奖学金为 200 元导入到自由表"LX.DBF"中。

① 选择"工具"→"向导"菜单项，打开"导入向导"的"步骤 1-数据识别"对话框；

② 选择"文件类型"为 MICROSOFT EXCEL 5.0，"源文件"为"A1.XLS"，"目标文件"为新建的"LX1.DBF"；

③ 单击"下一步"按钮，进入"步骤 1A-选择数据库"对话框，选择"创建独立的自由表"，表名为 LX1.DBF；

④ 单击"下一步"按钮，进入"步骤 2-定义字段类型"对话框，指定字段名所在行和导入起始行；

⑤ 单击"下一步"按钮，进入"步骤 2A-描述数据"对话框，确定字段的分隔符；

⑥ 单击"下一步"按钮，进入"步骤 3-定义输入字段"对话框，按照数据的要求定义每个字段的名称、类型、宽度和小数位数；

⑦ 单击"下一步"按钮，进入"步骤 3A-指定国际选项"对话框，指定货币符号和日期格式等；

⑧单击"下一步"按钮，进入"步骤 4-完成"对话框，完成数据的导入。

7. 将学生管理数据库添加到教学项目.PJX 中。

8. 在教学项目.PJX 中创建视图，要求建立所有成绩大于等于 80 分学生的信息，包含学号、姓名、课程号、课程名、成绩等字段。

9. 对教学项目.PJX 项目中的文件进行连编。

实验 16　面向对象程序设计

一、实验目的

1. 掌握对象的引用方法；
2. 掌握对象的事件及方法程序；
3. 了解类的建立方法。

二、实验内容

（一）要点复习

1. 对象引用

包括引用对象的属性、事件与调用方法程序

（1）对象引用规则

用以下引用关键字开头

THISFORMSET	当前表单集
THISFORM	当前表单
THIS	当前对象

（2）引用格式

引用关键字后跟一个圆点，再写出被引用对象或者对象的属性、方法程序等。

　　　　例如：THIS. Name

　　　　　　　THISFORM. Refresh

（3）允许多级引用，但要逐级引用

　　　　例如：THISFORM. Lable1. Caption

　　　　　　　THIS. Command1. FontName

　　　　　　　THISFORM. Command2. Click

（4）设置对象的属性

　　　　设置对象属性可以使用下列方法之一：

　　　　　1）可以取系统的默认值；

　　　　　2）也可在属性窗口中进行输入或更改；

　　　　　3）通过编写事件代码来更改。

2. 对象的事件与方法程序

（1）常用的对象事件

Click：鼠标左键单击后触发；

DblClick：鼠标左键双击触发；

InteractiveChange：鼠标左键单击或键盘操作后触发；

Timer：计时器在设置时间间隔后触发。

（2）常用的方法程序

Release：在内存中释放表单；

Refresh：刷新表单，重置表单中各控件的值。

3. 表单的常用属性

表单的常用属性如表 16-1 所示。

表 16-1　表单的属性选列

属　性	说　明	应用于
Caption	指定对象的标题	表单、标签、命令按钮等
Name	指定对象的名字	任何对象
ForeColor	指定对象中的前景色（文本和图形的颜色）	表单、标签、文本框等
Backcolor	指定对象内部的背景色	表单、标签、文本框等
BorderStyle	指定边框样式为无边框、单线框等	表单、标签、文本框等
AlwaysOnTop	是否处于其他窗口之上（可防止遮挡）	表单
AutoCenter	是否在 Visual FoxPro 主窗口内自动居中	表单
Closable	标题栏中关闭按钮是否有效	表单
Controlbox	是否取消标题栏的图标和其他按钮	表单
MaxButton	是否有最大化按钮	表单
MinButton	是否有最小化按钮	表单
Movable	运行时表单能否移动	表单
WindowState	指定表单运行时是最大化、最小化还是不变	表单
WindowType	设置表单的模式	表单
ShowWindows	设置表单显示的形式：0、1 或 2	表单

4. 表单的运行

表单保存时将产生一个扩展名为 .SCX 的表单文件和扩展名为 .SCT 的表单备注文件。运行表单可以用以下 3 种方法：

（1）用命令运行表单

命令格式：

DO FORM 表单文件名

（2）在表单设计器窗口，选择"表单"→"运行"命令，或直接单击工具栏中的红色惊叹号。

（3）在项目管理器中，选中"文档"选项卡并指定要运行的表单，单击"运行"按钮。

（二）实验习题

1. 建立表单 L161. SCX，设置表单 Form1 的下列属性：

Caption = "我的表单"

Height = 85

Left = 20

Top = 20

Width = 260

2. 建立表单 L162. SCX,在表单上添加一个命令按钮控件 Command1,设置该按钮的如下属性:

Caption = "欢迎光临"

Height = 50

Left = 100

Top = 15

Width = 100

Default = . T.

3. 创建一个表单,名称为 L163. SCX,该表单包含两个标签。要求其中一个标签实现当用户用左键单击该标签时,显示"您按下的是左键",用右键单击该标签时,显示"您按下的是右键";另一个标签显示"对象的属性、方法和事件"。

(1) 操作步骤如下:

步骤 1:打开表单设计器窗口。在命令窗口中键入:Create Form L163,打开表单设计器窗口。

步骤 2:在表单 Form1 中添加第一个标签对象。选择"控件工具栏"中的"标签"按钮,在 Form1 表单窗口中按下鼠标左键拖动,释放左键即可。

步骤 3:为第一个标签对象设置相关属性。选中第一个标签 Label1,在"属性"对话框中将"Caption"属性设置为"您按下的是";将 AutoSize 属性设置为 . T. 。

步骤 4:为第一个标签对象设置 Click 事件代码。双击第一个标签,打开代码编辑器窗口,在右侧的下拉列表中选择"Click",编辑第一个标签对象的"Click"事件代码:

This. Caption = "您按下的是左键"

步骤 5:为第一个标签对象设置 RightClick 事件代码。在代码编辑器窗口右侧的下拉列表中选择"RightClick",编辑"RightClick"事件代码:

This. Caption = "您按下的是右键"

步骤 6:在表单 Form1 中添加第二个标签对象,并设置其相关的属性。选中第二个标签 Label2,在"属性"对话框中将 Caption 属性设置为"对象的属性、方法和事件";将 AutoSize 属性设置为 . T. ,将 FontName 属性设置为"华文行楷"。

步骤 7:观察表单运行效果。单击常用工具栏上的"!"运行按钮,将鼠标指向第一个标签,单击左键,显示"您按下的是左键";将鼠标指向第一个标签,单击右键,显示"您按下

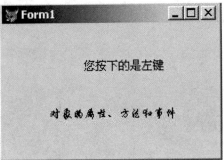

图 16-1 表单示例运行效果图

的是右键",显示如图 16-1 所示运行结果。

步骤 8:删除第一个标签的 Click 事件代码,观察结果。关闭表单 Form1,返回表单设计器环境。双击第一个标签,打开事件代码编辑窗口,删除 Click 事件代码。单击运行按钮后,将鼠标指向第一个标签,单击左键,这时第一个标签不显示"您按下的是鼠标左键"。

(2)修改(1)创建的表单,使之在用户双击第一个标签时,显示"您双击了鼠标"。

提示:编写 DblClick 事件代码。在表单设计器窗口,双击第一个标签,打开事件代码编辑窗口,在代码编辑器窗口右侧的下拉列表中选择"DblClick",编辑"DblClick"事件代码:

This. Caption = "您双击了鼠标"

(3)修改(1)创建的表单,使之在用户左键单击第二个标签时,关闭表单。

步骤 1:在表单设计器窗口,双击第二个标签,打开事件代码编辑窗口,在右侧的下拉列表中选择"Click",编辑"Click"事件代码:

ThisForm. Release

步骤 2:运行表单。单击第二个标签时,表单关闭。

(4)为表单分别设置如下属性,每设置一个属性后重新运行表单,查看表单的变化,并注意每个属性的作用。

AutoCenter = . T.

Closable = . F.

Controlbox = . F.

MaxButton = . F.

MinButton = . F.

Movable = . F.

WindowState = 2

WindowType = 1

ShowWindows = 0

实验 17 表单设计（一）

一、实验目的

1. 掌握使用表单向导创建简单表单的方法；
2. 掌握表单设计器窗口的各工具的使用方法；
3. 掌握控件的基本操作方法；
4. 掌握控件属性的设置方法。

二、实验内容

（一）要点复习

1. 表单向导的使用

表单向导能产生两种表单，即表单向导和一对多表单向导两种。

（1）启动"表单向导"对话框可用下列方法之一

① 选定"文件→新建"命令，在新建对话框中选定"表单"选项按钮，选定"向导"按钮。

② 在菜单的向导子菜单中选定表单命令。

③ 从"项目管理器"中选择"文档"标签并选择"表单"项，再单击"新建"按钮。

（2）"表单向导"的使用

① 打开表单向导对话框；

② 字段选取；

③ 表单样式选取；

④ 排序次序；

⑤ 完成设置。

2. 表单设计器的使用

表单设计的基本步骤：

打开表单设计器→对象操作与编码→保存表单→运行表单

3. 控件的基本操作

（1）选定控件；

（2）复制和移动控件；

（3）调整控件大小；

（4）删除控件。

4. 设置对象的属性

设置对象属性可以使用下列方法之一：

（1）可以取系统的默认值；

（2）也可在属性窗口中进行输入或更改；

（3）通过编写事件代码来更改。

（二）实验习题

1. 利用表单向导为学生表创建一个如图 17-1 所示的"学生信息表"表单，进行信息编辑。

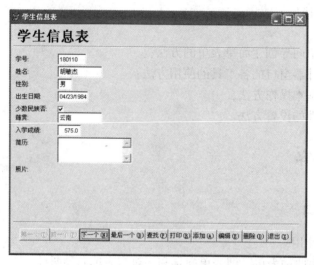

图 17-1   "学生信息表"表单

提示：

步骤 1：指定默认目录。在 E 盘建立一个以自己名字命名的文件夹，在系统"工具"菜单中选择"选项"，在选项对话框中选择"文件位置"页面，双击"默认目录"项，在更改文件位置栏中选择 E 盘的你新建的文件夹，并选择"确定"。或者，在命令窗口输入：

SET DEFAULT TO E:\文件夹名，同样也可以设置路径，然后将以前建立的学生表拷贝到该文件夹内。

步骤 2：打开表单向导。选择"工具"菜单中的"向导"命令中的"表单向导"或"文件"菜单中"新建"命令，选"表单"，单击"向导"。

步骤 3：在"数据库和表"列表框中选择"学生表"，单击"可用字段"旁边的向右双箭头按钮选择全部字段。

步骤 4：单击"下一步"按钮，在"样式"列表框中选择"浮雕式"、"按钮类型"框中选择"文本按钮"。

步骤 5：单击"下一步"按钮，向"可用字段或索引标识"列表框中添加"学号"字段，升序。

步骤 6：单击"下一步"按钮，输入表单标题"学生信息表"，单击"完成"按钮后，输入表单名字 XSXX. SCX。

步骤 7：运行表单。在"程序"菜单下选择"运行"命令，文件类型选择表单，选择 XSXX 即可，或者在命令窗口键入：DO FORM XSXX. SCX。

2. 利用表单设计器设计一个登录表单。如果用户名和密码都正确，就显示"成功登录"，否则显示"账号或密码不对！请重新输入。"，假设用户名为"zhangsan"，密码是"888888"。表单如图 17-2 所示。

步骤 1：选择"文件"菜单的"新建"命令，选择"表单"，单击"新建"按钮，打开表单设计器。

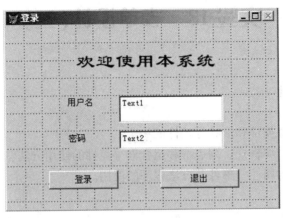

图 17-2　登录表单

步骤 2：在属性窗口设置表单属性：

　　　　Autocenter：. T. (使窗口处于屏幕的中央)

　　　　Caption：登录(更改登录窗口标题栏的标题)

步骤 3：向表单中添加控件。向表单中加入 3 个标签、2 个文本框、2 个命令按钮。

步骤 4：在属性窗口中分别设置它们的属性。对象属性如表 17-1 所示。

表 17-1　对象属性设置

对象	属性名	属性值	对象	属性名	属性值
Label1	Caption	欢迎使用本系统	Label2	Caption	用户名
	Autosize	. F.	Label3	Caption	密码
	FontSize	20	Text2	PasswordChar	*
	FontName	隶书	Command1	Caption	登录
	Visible	. F.	Command2	Caption	退出

步骤 5：输入事件代码。双击"登录"按钮，选择"Click"事件，输入如下代码：

IF Thisform. Text1. Value＝"zhangsan" AND Thisform. Text2. Value＝"888888"

　　　messagebox("成功登录!", 0,"登录")

　　　Thisform. Label1. Visible＝. T.

ELSE

　　　messagebox("账号或密码不对! 请重新输入。")

　　　Thisform. Text1. Value＝""

　　　Thisform. Text2. Value＝""

　　　Thisform. Text1. Setfocus　　&& 使文本框 1 获得焦点即光标在文本框 1 内

ENDIF

双击"退出"按钮，选择"Click"事件，输入如下代码：

Thisform. Release

步骤 6：单击"文件"菜单"保存"命令，输入文件名 DLLX. SCX，运行表单。

实验 18　表单设计(二)

一、实验目的

1. 掌握标签、图像控件和形状等控件的用法；
2. 掌握编文本框、编辑框、列表框和组合框等控件的使用方法；
3. 掌握常用控件的属性、事件及方法程序的使用。

二、实验内容

(一) 要点复习

1. 标签控件(Label)

标签控件是一种能在表单上显示文本的输出控件，常用作提示或说明，被显示的文本在 Caption 属性中指定，称为文本标题。

标签的常用属性有：

Caption：指定标签的标题文本。

Alignment：指定标题文本在控件中显示的对齐方式。0 表示左对齐，1 表示右对齐，2 表示居中。

AutoSize：是否使标签区域自动调整为与标题文本大小一致，默认值为 .F. 。

WordWrap：指定 AutoSize 属性为 .T. 的标签控件是沿纵向扩展还是沿横向扩展(即是否允许换行)。默认值为 .F. 。

BorderStyle：指定对象的边框的样式。默认值为 0(无)，1 为固定单线。

BackStyle：指定标签是否透明。默认值为 1 不透明。

FontSize：定义标签文本的大小。

FontName：定义标签文本的字体。

FontColor：定义标签文本的颜色。

2. 图像控件(Image)

图像控件可以利用 Picture 属性在表单上显示文件的图像，图像文件的类型可为 .BMP、.ICO、.GIF 和 .JPG 等。

图像控件的常用属性有：

Picture：设置要显示的位图文件。

Stretch：指定如何对图像进行尺寸调整放入控件。默认值 0-剪切，表示图像中超出控件范围的部分不显示。若设置为 1-等比填充，则表示图像控件保持图片原有尺寸比例，尽可能地显示在控件中。若设置 2-变比填充，系统自动调整图像的大小，与图像控件的高度与宽度相匹配。

3. 线条控件（Line）

线条控件用于在表单上画各种类型的线条，包括斜线、水平线和垂直线。

线条控件的常用属性有：

Height：设置线条的对角矩形的高度。设置为 0 是水平线。

Width：设置线条的对角矩形的宽度。设置为 0 是垂直线。

LineSlant：设置线条的倾斜方向，属性值"＼"表示左上角到右下角线，属性值"／"表示右上角到左下角线。

BorderWidth：设置线条的粗细。

BorderColor：设置线条的颜色。

4. 形状控件（Shape）

形状控件用于在表单上画出各种类型的形状，包括矩形、圆角矩形、正方形、圆角正方形，椭圆或圆。

形状控件的常用属性有：

Curvature：设置图形的形状，值在 0（矩形）~99（圆角矩形或椭圆或圆）之间。

FillStyle：是否填充线图。

SpecialEffect：决定线图是平面图还是三维图。三维图只在 Curvature 属性为 0 时有效。

形状类型将由 Curvature，Width 与 Height 属性来指定。

形状控件创建时若 Curvature 属性值为 0，Width 属性值与 Height 属性值也不相等，显示一个矩形，若相等显示正方形。若要画出一个圆，应将 Curvature 属性值设置为 99，并使 Width 属性值与 Height 属性值相等。

5. 文本框控件（Text）

文本框控件是一个基本控件，它既可以用来显示文本，也可以用来接收文本，或用来编辑文本。常用在以下几个方面：（1）显示某个字段或字符型变量的内容；（2）接收某个字段的内容；（3）接收某个变量的值；（4）接收用户密码。

文本框的常用属性有：

Value 属性：设置文本框显示的内容，或接收用户输入的内容。Value 值可为数值型、字符型、日期型或逻辑型 4 种类型之一，例如 0，（无），｛｝，.F.，其中（无）表示字符型，并且是默认类型。若 Value 属性已设置为其他类型的值，可通过属性窗口的操作使它恢复为默认类型。即在该属性的快捷菜单中选定"重置为默认值"命令，或将属性设置框内显示的数据删掉。Value 值既可在属性窗口中输入或编辑，也可用命令来设置，例如 This. Value = " Visual FoxPro"。

在向文本框键入数据时，如遇长数据能自动换行。但只要键入回车符，输入就被 VFP 终止。也就是说，文本框只能供用户键入一段数据。

ControlSource 属性：设置文本框与哪一个数据源的哪个字段或变量绑定。文本框与数据绑定后，控件值便与数据源的数据一致了。以字段数据为例，此时的控件值将由字段值决定；而字段值也将随控件值的改变而改变。值得重视的是，将控件值传递给字段是一种不用 REPLACE 命令也能替换表中数据的操作。

PasswordChar 属性：指定文本框控件是显示用户输入的字符还是显示占位符，并指定用作占位符的字符。该属性的默认值是空串，此时没有占位符，文本框内显示用户输入的内容。当为该属性指定一个字符（即占位符，通常为 ＊ ）后，文本框内将只显示占位符，而不会显示用户输入的实际内容，这在设计登录口令框时经常用到。此属性不会影响 Value 属性的设置，Value 属性总是包含用户输入的实际内容。该属性仅适用于文本框。

InputMask 属性：指定在一个文本框输入数据的格式和显示方式。

ReadOnly 属性：指定用户能否编辑文本框中的内容。其值为 .T. 不能编辑，为 .F.（默认值）可以编辑。

6. 编辑框控件(Edit)

编辑框用于编辑长字符型字段或者备注型字段，并允许输入多段文本。

编辑框与文本框的主要差别在于：

(1) 编辑框只能用于输入或编辑文本数据，即字符型数据；而文本框则适用于数值型等 4 种类型的数据。编辑框实际上是一个完整的文字处理器，利用它能够选择、剪切、粘贴以及复制正文；可以实现自动换行；能够有自己的垂直滚动条；可以用箭头在正文里移动光标。

(2) 文本框只能供用户键入一段数据；而编辑框则能输入多段文本，即回车符不能终止编辑框的输入。

前面介绍的有关文本框的属性(除 PasswordChar 属性)对编辑框同样适用。

编辑框的常用属性有：

ScrollBars 属性：指定编辑框是否具有滚动条。当属性值为 0 时，没有；属性值为 2(默认值)包含垂直滚动条。

ReadOnly 属性：指定用户能否编辑编辑框中的内容。其值为 .T. 不能编辑，为 .F.（默认值)可以编辑。

ControlSource 属性：利用该属性为编辑框指定一个字段或内存变量。

Value 属性：返回编辑框的当前内容。该属性的默认值是空串。

SelText 属性：返回用户选定的文本，如果没有选定文本，则返回空字符串。

SelLength 属性：返回用户在控制的文本区域中选定的字符数目。

SelStart 属性：返回控件的文本输入区域中用户选择文本的起始点。

7. 列表框控件(List)和组合框控件(Combo)

列表框与组合框都有一个供用户选项的列表，但两者之间有如下区别：

(1) 列表框任何时候都显示它的列表；而组合框平时只显示一个项，待用户单击它的向下按钮后才能显示可滚动的下拉列表。若要节省空间，并且突出当前选定的项时可使用组合框。

(2) 组合框又分下拉组合框与下拉列表框两类，前者允许键入数据项，而列表框与下拉列表框都仅有选项功能。

列表框和组合框可以用生成器设置各种属性。

列表框的常用属性有：

RowSourceType 属性：指明列表框中条目数据源的类型。该属性取值如表 18-1 所示。

表 18-1　RowSourceType 属性的可取值

设置	说　明
0	(默认值)无。如果使用了默认值，则在运行时使用 AddListItem 填充列
1	值。使用由逗号分隔的列填充

续表

设置	说　　明
2	别名。使用 ColumnCount 属性在表中选择字段
3	SQL 语句。SQL SELECT 命令创建一个临时表或一个表
4	查询（.QPR）。指定有 .QPR 扩展名的文件名
5	数组。设置列属性可以显示多维数组的多个列
6	字段。用逗号分隔的字段列表。字段前可以加上由表别名和句点组成的前缀
7	文件。用当前目录填充列。这时 RowSource 属性中指定的是文件梗概
8	结构。由 RowSource 指定的表的字段填充列
9	弹出式菜单。包含此设置是为了提供向后兼容性

RowSource 属性：指定列表框的条目数据源。

ColumnCount 属性：指明列表框的列数。

MultiSelect 属性：指定用户能否在列表框控件内进行多重选定。默认值 .F. 不允许。

Value 属性：返回列表框中被选中的条目。该属性可以是数值型，也可以是字符型。若为数值型，返回的是被选条目在列表框中的次序号。若为字符型，返回的是被选条目的本身内容，如果列表框不止一列，则返回由 BoundColumn 属性指明的列上的数据项。

MoverBars 属性：设置列表框的左侧是否显示移动按钮。

ControlSource 属性：该属性在列表框中的用法与在其他控件中的用法有所不同。在这里，用户可以通过该属性指定一个字段或变量用以保存用户从列表框中选中的结果。

组合框与列表框类似，也是用于提供一组条目供用户从中选择。上面介绍的有关列表框的属性组合框同样具有（除 MultiSelect 外），并且具有相似的用法和含义。组合框有两种形式：下拉组合框和下拉列表框。通过属性 Style 设置。若 Style 设置为 0（默认值）则为下拉组合框，用户既可以从列表中选择，也可以在编辑区内输入。若 Style 设置为 2 则为下拉列表框，用户只能从列表中选择。

（二）实验内容

1. 设计如图 18-1 所示的表单。要求：表单文件名为"JRXT"；添加一个标签，内容为

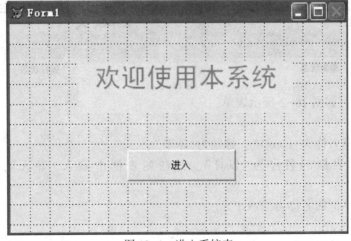

图 18-1　进入系统表

"欢迎使用本系统"，黄底、红字、24 号隶书，水平居中；添加一个命令按钮，标题为"进入"，单击该按钮，就可以打开实验 15 建立的表单 XSXX.SCX，并关闭本表单。

提示：

步骤 1：选择"文件"菜单的"新建"命令，选择"表单"，单击"新建"按钮，打开表单设计器。

步骤 2：向表单中添加控件。向表单中加入 1 个标签、1 个命令按钮。

步骤 3：在属性窗口中分别设置它们的属性。对象属性如表 18-2 所示。

表 18-2　对象属性设置

对　象	属性名	属性值	对象	属性名	属性值
Label1	Caption	欢迎使用本系统	Command1	Caption	进入
	BackColor	黄色			
	ForeColor	红色			
	FontSize	24			
	FontName	隶书			
	Alignment	2-中央			

步骤 4：输入事件代码。双击"进入"按钮，选择"Click"事件，输入如下代码：

```
THISFORM.RELEASE
DO FORM XSXX.SCX
```

步骤 5：单击"文件"菜单"保存"命令，输入文件名"JRXT.SCX"，此处要将 XSXX.SCX 与 JRXCT.SCX 放在同一文件夹内，然后运行表单。

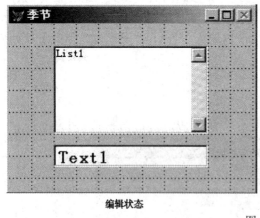
编辑状态

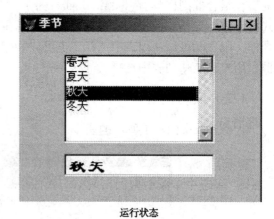
运行状态

图 18-2

2. 设计并运行如图 18-2 所示表单。

设置：

（1）设置表单名称为"Form1"，标题为"季节"；

（2）设置列表框的名称为"List1"，并在列表框中输入"春天"，"夏天"，"秋天"，"冬天"；

（3）设置文本框的名称为"Text1"；

要求：

（1）表单中控件如图所示，当在列表框中改变选项时，文本框中的值也相应改变；

(2) 文本框中的字体为"隶书","粗体",字号为 14；表单整体效果美观，比例合适。

提示：

(1) 选择文件→新建→表单，单击新建文件按钮。将表单的 Caption 属性设为"季节"。

(2) 在表单上建立一个列表框控件，将列表框控件 List1 的 RowSourceType 属性设为 1（指定控件中数据值的源的类型为"值"），RowSource 属性输入"春天，夏天，秋天，冬天"（输入时不加双引号，逗号在西文下输入）。

(3) 写列表框控件的 Interactivechange 事件代码：

Thisform. Text1. Value = Thisform. List1. Value

(4) 在表单上建立一个文本框控件，将文本框控件的 FontBold 属性设为 .T.，FontName 属性设为"隶书"，FontSize 属性设为 14。

(5) 单击"文件"菜单"保存"命令，输入文件名 L18-2. SCX，运行表单。

3. 设计并运行如图 18-3 所示表单。

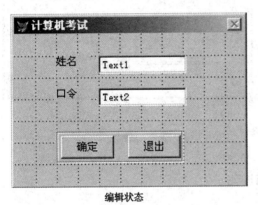
编辑状态

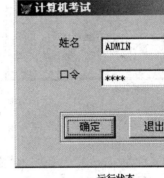
运行状态

图 18-3

设置：

(1) 设置表单名称为"Form1"，标题为"计算机考试"；

(2) 设置标签(Label1)的标题为"姓名"；

设置标签(Label2)的标题为"口令"；

(3) 设置文本框的名称为"Text1"；

(4) 设置命令按钮组的名称为"Commandgroup1"；

设置命令按钮组的按钮(Command1)的标题为"确定"；

设置命令按钮组的按钮(Command2)的标题为"退出"。

要求：

(1) 表单没有"最小化"和"最大化"按钮；

(2) 表单内控件如图所示，其中"密码"文本框要有掩码，掩码为"＊"；

(3) 确定和退出按钮要使用命令按钮组，其中退出按钮要有关闭表单的功能。

(4) 表单整体效果美观，比例合适。

提示：

(1) 表单的 Minbutton 和 maxbutton 属性控制是否具有最小化和最大化按钮，以上两个属性默认值都是 .T.，表示具有，若将两个属性的值设为 .F.，表示没有。

(2) 将表单的文本框控件的 Passwordchar 属性值设为"＊"，则输入的口令显示＊符号。

（3）在表单添加一个命令按钮组控件，该按钮组中有两个命令按钮，其个数由 Button-Count 属性设置，该属性的默认值为 2，将该命令按钮组中的按钮水平放置的方法是，用右键单击命令按钮组，选择"生成器"命令，点击"布局"页框，在按钮布局处选择"水平"。

（4）右键单击命令按钮组，选择"编辑"，进入按钮组内，双击"退出"按钮，选择"Click"事件，输入如下代码：

Thisform. Release

4. 设计并运行如图 18-4 所示表单。

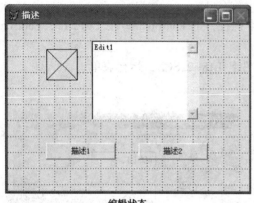

编辑状态　　　　　　　　　　　　　　　运行状态

图 18-4

设置：

（1）设置表单名称为"Form1"，标题为"描述"；

（2）设置图像控件的名称为"Image1"；

（3）设置编辑框的名称为"Edit1"；

（4）设置按钮（Command1）的标题为"描述 1"；

　　　设置按钮（Command2）的标题为"描述 2"；

要求：

（1）表单标题为"描述"；

（2）表单内控件如图 18-4 中所示，右侧为编辑框；

（3）单击"描述 1"按钮，编辑框中出现"这是一只可爱的小狐狸"文字；

（4）单击"描述 2"按钮，编辑框中出现"这是一只狡猾的小狐狸"文字；

（5）表单整体效果美观，比例合适。

基本属性：

FORM1. HEIGHT = 230

FORM1. LEFT = 62

FORM1. TOP = 27

FORM1. WIDTH = 230

IMAGE1. PICTURE = "D:\Program Files\Microsoft Visual Studio\Vfp98\fox. bmp"

提示：

（1）"描述 1"命令按钮的 Click 过程代码：

Thisform. Edit1. Value = "这是一只可爱的小狐狸"

（2）"描述2"命令按钮的 Click 过程代码：

Thisform. Edit1. Value="这是一只狡猾的小狐狸"

5. 设计并运行如图18-5所示表单。

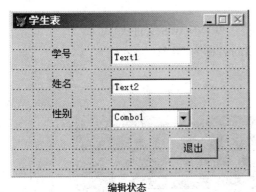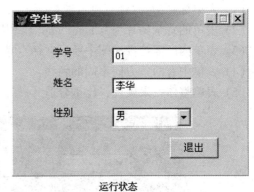

图 18-5

设置：

（1）设置表单名称为"Form1"，标题为"学生表"；

（2）设置标签（Label1）的标题为"学号"；

设置标签（Label2）的标题为"姓名"；

设置标签（Label3）的标题为"性别"；

（3）设置2个文本框的名称为"Text1"，"Text2"；

（4）设置组合框（Combo1）的内容为"男"，"女"；

（5）设置命令按钮（Command1）的标题为"退出"。

要求：

（1）表单的"最大化"按钮不可用；

（2）表单内控件如图中所示：其中"性别"对应控件为"下拉列表框"，下拉列表框中有2个选择项"男"和"女"；

（3）"退出"按钮要具有关闭表单功能；

（4）表单整体效果美观，比例合适。

提示：

（1）选择文件→新建→表单，单击新建文件按钮。将表单的 Caption 属性设为"学生表"，MaxButton 属性设置为 .F. 。

（2）在表单上建立3个标签和2个文本框，并设置标签的 Caption 属性。

（3）在表单上建立一个组合框控件，将组合框控件的 Style 属性设置为2，RowSourceType 属性设为1（指定控件中数据值的源的类型为"值"），RowSource 属性输入"男，女"（输入时不加双引号，逗号在西文下输入）。

6. 设计并运行如图18-6所示表单。

设置：

（1）设置表单名称为"Form1"，标题为"计算机考试"；

（2）设置3个文本框的名称为"Text1"，"Text2"，"Text3"；

（3）设置2个线条的名称为"Line1"，"Line2"；

（4）设置标签（Label1）的标题为"数字 1"，设置标签（Label2）的标题为"数字 2"；

（5）设置命令按钮（Command1）的标题为"＝"。

要求：

（1）表单标题为："计算机考试"；

（2）表单的背景图片为"Cloud. bmp"（图片位于 WINDOWS 文件夹中）；

（3）表单内所需控件如图中所示，命令按钮的名称为"＝"；

（4）表单中有两条方向不同的斜线；

（5）表单整体效果美观，比例合适。

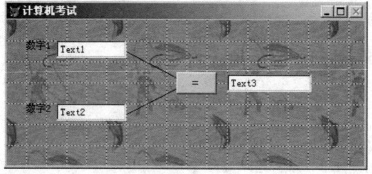

编辑状态

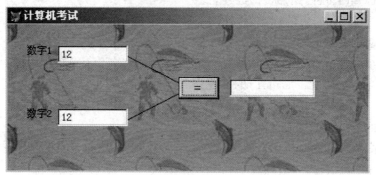

运行状态

图 18-6

提示：

（1）Text1、Text2、Text3 的 Value 初值设为 0。

（2）"＝"号的输入方法：选"＝"按钮的 Caption 属性，键入 = " = " 即可。

（3）"＝"按钮的 Click 事件代码如下：

Thisform. Text3. Value = Thisform. Text1. Value+Thisform. Text2. Value

实验 19　表单设计(三)

一、实验目的

1. 掌握命令按钮、选项按钮、复选框、微调按钮和计时器等控件的使用方法；
2. 掌握页框、表格等控件的使用方法；
3. 掌握常用控件的属性、事件及方法程序的使用。

二、实验内容

(一)要点复习

1. 命令按钮控件(Command)

命令按钮在应用程序中起控制作用，用于完成某一特定的操作，其操作代码通常放置在命令按钮的 Click 事件中。

命令按钮的常用属性有：

Caption 属性：设置显示在命令按钮上的文本。

Picture 属性：设置显示在命令按钮的位图。要使这一设置生效，必须将 Caption 属性的值设置为空。

Default 属性：该属性值为 .T. 的命令按钮称为"确认"按钮。即当用户按下回车键执行该按钮的 Click 事件代码。窗体上只能有一个命令按钮的 Default 属性为真。

Cancel 属性：该属性值为 .T. 的命令按钮称为"取消"按钮。当用户按 Esc 键时，执行该按钮的 Click 事件代码。窗体上只能有一个命令按钮的 Cancel 属性为真。

Enabled 属性：指定命令按钮是否有效。默认值为 .T. ，即是有效的，能被选择，能响应用户引发的事件。

Visible 属性：指定命令按钮是可见还是隐藏。在表单设计器中，默认值为 .T. ，即对象是可见的。

2. 命令按钮组控件(CommandGroup)

命令按钮组控件是一个容器控件，它可以包含若干个命令按钮，并能统一管理这些命令按钮。命令按钮组与组内的各命令按钮都有自己的属性、事件和方法程序，因而既可单独操作各命令按钮，也可以对组控件进行操作。命令按钮组的操作往往利用生成器较为方便。

命令按钮组的常用属性有：

ButtonCount 属性：指定命令组中命令按钮的数目，默认值为 2。

BackStyle 属性：设置命令按钮的背景是否透明。

BorderStyle 属性：设置命令按钮组的边框。

Value 属性：指定命令按钮组当前的状态。该属性的类型可以是数值型的(默认)，也可以是字符型。若为数值型 n，则表示命令按钮组中第 n 个命令按钮被选中；若为字符型 c，则表示命令按钮组中 Caption 属性值为 c 的命令按钮被选中。

例如，一个命令按钮组中有三个命令按钮，可以在命令按钮组的 Click 事件代码中便可判别出单击的是哪个命令按钮，并决定执行的动作。处理格式如下：

```
DO   CASE
CASE THIS. Value=1
    *执行动作 1
CASE THIS. Value=2
    *执行动作 2
CASE THIS. Value=3
    *执行动作 3
ENDCASE
```

3. 微调控件(Spinner)

微调控件用于接受给定范围之内的数值输入。它既可用键盘输入，也可单击该控件的上箭头或下箭头按钮来增减其当前值。

微调控件的常用属性有：

Increment 属性：设定按一次箭头按钮的增减数，默认为 1.00。

KeyboardHighValue 属性：设定键盘输入数值高限。

KeyboardLowValue 属性：设定键盘输入数值低限。

SpinnerHighValue 属性：设定按钮微调数值高限。

SpinnerLowValue 属性：设定按钮微调数值低限。

Value：表示微调控件的当前值。

InputMask：设置输入掩码。微调控件默认带两位小数，若只要整数可用输入掩码来限定，例如 999999 表示 6 位整数。若微调控件绑定到表的字段，则输入掩码位数不得小于字段宽度，否则将显示一串 * 号。

4. 复选框控件(Check)和选项按钮组控件(Optiongroup)

复选框与选项按钮是对话框中的常见对象，复选框允许同时选择多项，选项按钮则只能在多个选项中选择其中的一项。所以复选框可以在表单中独立存在，选项按钮只能存在于它的容器选项按钮组中。

复选框用于标记一个两值状态，当处于"真"状态时，复选框内显示一个对勾；否则，复选框内为空白。

复选框的常用属性有：

Style 属性：指定复选框的外观，其外观有方框和图形(按钮)两类。默认值为 0，方框并出现复选标记；值为 1 时为图形(按钮)。

Caption 属性：用来指定显示在复选框旁边的文字。

Value 属性：用来指明复选框的当前状态。0 默认值，未被选中；1 被选中；2 灰色，只在代码中有效。

ControlSource 属性：指明与复选框建立联系的数据源。

选项按钮组又称为选项组，是包含选项按钮的一种容器。一个选项组中往往包含若干个选项按钮，但用户只能从其中选择一个按钮。

选项按钮组的常用属性有：

ButtonCount 属性：指定选项组中选项按钮的数目，默认值为2。

BackStyle 属性：设置选项按钮组的背景是否透明。

BorderStyle 属性：设置选项按钮组的边框。

Value 属性：指定选项组当前的状态。该属性的类型可以是数值型的(默认)，也可以是字符型。若为数值型 n，则表示选项组中第 n 个选项按钮被选中；若为字符型 c，则表示选项组中 Caption 属性值为 c 的命令按钮被选中。

ControlSource 属性：指明与选项组建立联系的数据源。

选项按钮的常用属性有：

Caption 属性：定义选项的标题文本。

Value 属性：设置选项是否被选中，1 表示选中，0 表示未选中。

Style 属性：该属性的值用来定义单选框的外观，有 0-标准、1-图形两种可选值。

复选框和选项按钮组的属性设置也可以通过生成器来完成。

5. 计时器控件(Timer)

计时器控件能周期性地按时间间隔自动执行它的 Timer 事件代码，在应用程序中用来处理可能反复发生的动作。由于在运行时用户不必看到计时器，故 Visual FoxPro 令其隐藏起来，变成不可见的控件。

计时器控件的常用属性有：

Interval 属性：表示 Timer 事件的触发时间间隔，单位为毫秒。

Enabled 属性：当属性为 .T. 时计时器启动计时，当属性为 .F. 时计时器停止计时，然后用一个外部事件(如单击命令按钮)将属性改为 .T. 时才继续计时，该属性默认为 .T.。

计时器的 Enabled 属性不同于其他对象。对于大多数对象，Enabled 属性决定了能否响应用户的操作；对于计时器，设置 Enabled 属性为假，将停止计时器的运行。

计时器 Timer 事件：表示时间间隔执行的动作。

6. 表格控件(Grid)

表格控件可以设置在表单或页面中，用于显示表中的字段，表格是一个容器对象。

(1) 表格的组成

① 表格(Grid)：由一列或若干列组成。

② 列(Column)：一列可显示表的一个字段，列由列标题和列控件组成。

③ 列标题(Headerl)：默认显示字段名，允许修改。

④ 列控件(例如 Text)：一列必须设置一个列控件，该列中的每个单元格都可用此控件来显示字段值。列控件默认为文本框，但允许修改为与本列字段数据的类型相容的控件。假定本列是字符型字段的数据，就不能用复选框作为列控件。

表格、列、列标题和列控件都有自己的属性、事件和方法程序，其中表格和列都是容器。

(2) 在表单窗口创建表格控件

通常用下述两种方法来创建表格控件。

① 从数据环境创建。

② 利用表格生成器创建。

(3) 表格的常用属性

ColumnCount 属性：表示表格中的列数。默认值为-1，此时表格中将列出表的所有字段。

RecordSource：指定数据源，即指定要在表格中显示的表。

RecordSourceType：指定数据源类型，通常取 0（表）或 1（别名）。取 1 时，须按 RecordSource 为表格指定表名来显示表中的字段，此为默认值。取值为 0 时，如果数据环境中已存在一个表，就不需设置 RecordSource 数据源。2 提示、3 查询、4 SQL 语句。

（4）用表格控件建立一对多表单

表格最常见的一个用途是在文本框显示父记录的同时，在表格中显示相应的子记录。当父表的指针移动时，表格中将显示子表的相应内容。

如果在表单的数据环境中包含两个表的一对多关联，则在表单中显示一对多关联是很容易的。

在数据环境中建立一对多表单的步骤如下：

① 从数据环境设计器的父表中把期望的字段拖动到表单里。

② 从数据环境设计器中把相关的子表拖动到表单里。

7. 页框控件（Pageframe）

页框是包含页面的容器，用户可在页框中定义多个页面，以生成带选项卡的对话框。含有多页的页框可起到扩展表单面积的作用。

页框控件的常用属性有：

PageCount 属性：指定页框中包含的页面数，默认为 2。数据在 0~99 之间。

Caption 属性：指定页面的标题，即选项卡的标题。

Tabs 属性：确定是否显示页面标题。默认值为 . T. 显示标题。

TabStyle 属性：指定页框的标题是两端模式还是非两端模式。0 两端模式表示所有的页面标题布满页框的宽度，1 非两端模式表示以紧缩方式显示页面标题，即显示时两端不加空位。

TabStretch 属性：指定页框标题是单行显示还是多行显示。1 表示以单行显示所有的页面标题，当显示位置不够时仅显示部分标题字符，这是默认设置。0 表示以多行显示所有的页面标题，在选项卡较多或页面标题太长，致使页框宽度中不能完整显示页面标题时使用。

（二）实验习题

1. 设计并运行如图 19-1 所示表单。

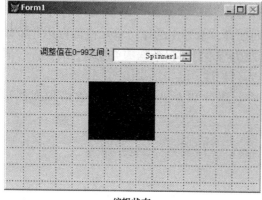

编辑状态   运行状态

图 19-1

设置：

（1）设置表单名称为"Form1"；

（2）设置 1 个标签名称为"Label1"，标题为"调整值在 0~99 之间："；

（3）设置 1 个微调控件名称为"Spinner1"；

（4）设置 1 个形状控件名称为"Shape1"。

要求：

（1）表单内控件如图中所示，在 0~99 之间调整微调框的值；

（2）图形的曲率随调整值的变化而变化；

（3）表单整体效果美观，比例合适。

基本属性：

Form1. Height = 182　　　　Form1. Left = 62　　　　Form1. Top = 27

Form1. Width = 325　　　　Form1. Fillstyle = 0　Shape1. Fillstyle = 0

提示：

（1）设置微调控件 Spinner1 属性

KeyboardHighValue = 99

KeyboardLowValue = 0

SpinnerHighValue = 99

SpinnerLowValue = 0

（2）编写微调控件 Spinner1 的 Interactivechange 事件代码：

Thisform. Shape1. Curvature = Thisform. Spinner1. Value

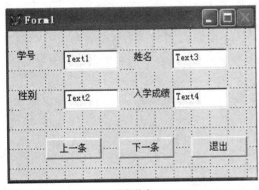
编辑状态

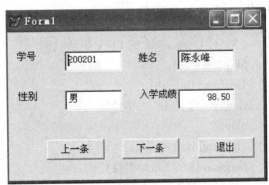
运行状态

图 19-2

2. 设计并运行如图 19-2 所示表单。

设置：

（1）设置表单名称为"Form1"；

（2）设置命令按钮（Command1）的标题为"上一条"；

　　 设置命令按钮（Command2）的标题为"下一条"；

　　 设置命令按钮（Command3）的标题为"退出"。

要求：

（1）建立表"XSDA. DBF"，表结构为：学号（C，6），姓名（C，6），入学成绩（N，6，2），录入表 19-1 所示数据。

表 19-1　XSDA. DBF 记录内容

学号	姓名	性别	入学成绩
200201	陈永峰	男	98.50
200202	李红	女	24.00
200203	王威	男	98.00

（2）数据环境：XSDA. DBF

（3）单击"下一条"按钮相应文本框中显示下条记录的内容。

（4）单击"上一条"按钮相应文本框中显示上条记录的内容。

（5）单击"退出"按钮退出表单。

（6）表单整体效果美观，比例合适。

基本属性：

Form1. Height = 182　　　　Form1. Left = 62

Form1. Top = 27　　　　　　Form1. Width = 325

提示：

（1）建立自由表"XSDA. DBF"。

（2）选择文件→新建→表单，单击新建文件按钮。

（3）在表单上单击鼠标右键，在弹出的快捷菜单上选择"数据环境"，将表"XSDA. DBF"添加到数据环境中，在数据环境设计器中分别将表"XSDA. DBF"的学号、姓名、性别、入学成绩几个字段拖动到表单上。数据绑定后，字段自动与一个标签和一个文本框相对应。

（4）在表单上建立三个命令按钮，并修改其 Caption 属性。

（5）写 Command1 的 Click 事件代码：

Skip　 −1

Thisform. Refresh

Command2 的 Click 事件代码：

Skip

Thisform. Refresh

Command3 的 Click 事件代码：

Thisform. Release

3. 设计并运行如图 19-3 所示表单。

设置：

（1）设置表单名称为"Form1"，标题为"图形"。

（2）设置页框名称为"Pageframe1"，页数为 3，设置页框的第 1 页（Page1）的标题为"圆"，设置页框的第 2 页（Page2）的标题为"方"，设置页框的第 3 页（Page3）的标题为"三角形"；

（3）2 个形状控件的名称为"Shape1"，"Shape2"；

（4）设置 3 个线条控件的名称为"Line1"，"Line2"，"Line3"。

要求：

（1）表单标题为"图形"；

（2）表单内控件如图中所示，页框有三个页标签；

（3）页标签内包含相应图形：圆、正方形、三角形。

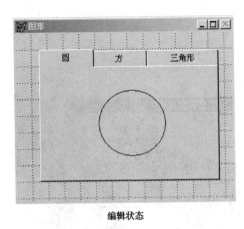 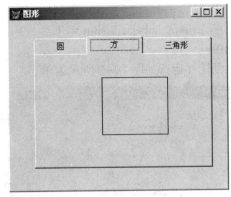

编辑状态   运行状态

图 19-3

提示：

（1）注意形状控件中的圆、正方形要设置 Curvature、Width 和 Height 三个属性；

（2）三角形要由三个线条控件构成，注意线的方向。

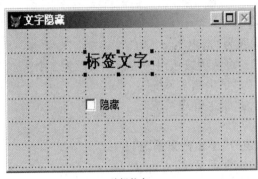 

编辑状态   运行状态

图 19-4

4. 设计并运行如图 19-4 所示表单。

要求：

（1）表单标题为"文字隐藏"，表单内控件如图中所示；

（2）标签标题为"标签文字"；

（3）选中"隐藏"复选框，隐藏"标签文字"；反之"标签文字"可见；

（4）表单整体效果美观，比例合适。

基本属性：Label1. Fontsize＝14   Label1. Fontbold＝. T.

提示：

（1）选择文件→新建→表单，选择新建文件按钮；

（2）将表单的 Caption 属性设为"文字隐藏"；

（3）在表单上建立一个标签控件，Caption 属性设为"标签文字"，Fontsize 属性为 14，Fontbold 属性为 . T. ；

（4）在表单上建立一个复选框控件，Caption 属性设为"隐藏"；

（5）设置复选框 check1 的 Interactivechange 事件：

IF   This. Value＝1

       Thisform. Label1. Visible＝. F.

ELSE

    Thisform. Label1. Visible = . T.

ENDIF

5. 设计并运行如图 19-5 所示表单。

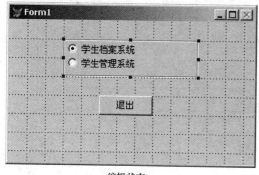 

编辑状态   运行状态

图 19-5

设置：

（1）设置表单名称为"Form1"，标题为"Form1"；

（2）设置命令按钮的名称为"Command1"，标题为"退出"；

（3）设置选项按钮组的名称为"Optiongroup1"，将选项按钮组的按钮个数设为 2 个；

    设置选项按钮组的按钮（Option1）的标题为"学生档案系统"；

    设置选项按钮组的按钮（Option2）的标题为"学生管理系统"。

要求：

（1）单击单选钮"学生档案系统"时，表单标题为"学生档案系统"；

（2）单击"学生管理系统"时，表单标题为"学生管理系统"；

（3）单击"退出"按钮释放表单；

（4）表单整体效果美观，比例合适。

基本属性：

Form1. Heigt = 182   Form1. Left = 62

Form1. Top = 100   Form1. Width = 325

提示：

（1）选择文件→新建→表单，单击新建文件按钮；

（2）在表单上建立一个选项按钮组控件，并将 Option1 的 caption 属性设为"学生档案系统"，Option2 的 caption 属性设为"学生管理系统"；

（3）在表单上建立一个按钮控件，将其 Caption 的属性设为"退出"；

（4）选中选项按钮组，编写选项按钮组 Optiongroup1 的 Interactivechange 事件代码：

IF   This. Value = 1

    Thisform. Caption = This. Option1. Caption

ELSE

    Thisform. Caption = This. Option2. Caption

ENDIF

（5）"退出"按钮的 Click 事件代码：

Thisform. Release

实验 20　学生成绩管理系统

一、实验目的

1. 掌握 VFP 的语法；
2. 掌握三种基本程序结构的综合应用；
3. 掌握常用算法使用；
4. 掌握表单的设计思路；
5. 理解与掌握面向过程和面向对象程序设计。

二、实验项目

设计一个学生成绩管理系统如图 20-1 所示，要求包括数据的录入、统计（如求成绩平均值、最大值、最小值等）、查询等功能 。

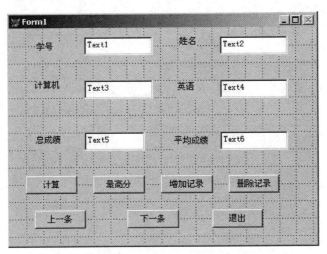

图 20-1　学生成绩管理系统表单

实验要求：

（1）建立自由表"XSDA. DBF"，表结构如下：

学号（C，6）、姓名（C，10）、计算机（I）、英语（I）、总成绩（I）、平均成绩（N，5，1）

（2）录入 6 条记录（总成绩和平均成绩不录入），内容自定；

（3）窗体中包含 6 个标签、6 个文本框和 7 个命令按钮；

（4）利用"计算"按钮计算出表中的总成绩与平均成绩；

（5）利用"最高分"按钮求总成绩最大的记录，并在文本框中显示；

（6）增加与删除记录按钮具有增删表的记录功能。

三、实验内容

（1）建立"XSDA. DBF"。

（2）控件的建立

按图 20-1 所示，创建相应的控件，并对控件的属性进行设置。

（3）按钮的代码设置

写出所有命令按钮的 Click 事件代码。

四、实验结果

写出该表单运行时的结果。

五、实验体会与创新

写出你对该设计性实验的创新之处，或改进的地方和体会。

实验 21　报表和菜单设计

一、实验目的

1. 掌握报表的设计方法；
2. 了解报表设计的一些技巧；
3. 掌握菜单的设计方法；
4. 了解菜单设计的一些技巧。

二、实验内容

(一) 要点复习

1. 报表的概念

报表由数据源和布局定义两部分组成。报表布局的定义以及数据源的位置信息保存在扩展名为 .FRX 的报表文件和扩展名为 .FRT 的相关文件中，该文件不保存数据源的数据。

2. 报表的创建方法

(1) 使用报表向导创建报表

(2) 使用报表设计器创建报表

(3) 使用快速报表创建报表

3. 数据分组和分栏报表

(1) 设计分组报表

(2) 设计多栏报表

4. 菜单的类型

VFP 支持两种类型的菜单：条形菜单和弹出式菜单。典型的菜单系统是一个下拉式菜单，由一个条形菜单和一组弹出式菜单组成。

5. 菜单设计的基本流程

(1) 规划与设计菜单系统：根据用户需要确定要执行的任务，需要哪些菜单、是否需要子菜单，每个菜单项完成什么功能，以及菜单项出现在界面的什么位置等。有关规划菜单系统的详细内容，请参阅本章稍后的规划菜单系统。

(2) 建立菜单项和子菜单：使用菜单设计器可以定义菜单标题、菜单项和子菜单。

(3) 按实际要求为菜单系统指定任务：指定菜单所要执行的任务，例如执行一条命令或一个程序等。菜单建立好之后将生成一个以 .MNX 为扩展名的菜单文件和以 .MNT 为扩展名的菜单备注文件。

(4) 生成菜单程序：利用已建立的菜单文件，生成扩展名为 .MPR 的菜单程序文件。

(5) 运行生成的菜单程序文件，测试菜单系统。

6. 菜单运行命令

命令格式：DO 文件名 . MPR

(二) 实验习题

1. 用快速报表建立"学生信息表"。

提示：

（1）选"文件"菜单的"新建"命令，单击"报表"选项按钮。

（2）单击"新建文件"按钮，弹出"报表设计器"窗口以及"报表控件"和"布局"工具栏，并在系统菜单中新增"报表"菜单项。

（3）选择"报表"菜单中的"快速报表"命令，在"打开"对话框中选定"学生表"，并单击"确定"按钮。

（4）单击"字段"按钮，在"字段选择器"中将需要的字段从"所有字段"中添加到"选定字段"中，并单击"确定"按钮。

（5）单击"确定"按钮，报表设计效果如图 21-1 所示。

（6）将报表保存为"bb. frx"。

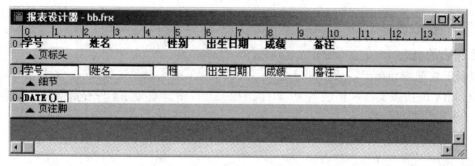

图 21-1　学生信息表报表

2. 用报表向导建立 "课程表"报表。要求：报表样式选择"简报式"，布局选择"纵向"，按"课程号"降序。

3. 利用报表向导制作"学生成绩"报表。

4. 建立任意一个菜单 MEUN1. MNX，并生成菜单程序 MENU1. MPR。

5. 创建一个具有"系统维护"、"数据查询"、"系统退出"3 个菜单项的菜单系统，其中"系统维护"菜单项又包含"数据修改"、"数据追加"、"数据删除"3 个子菜单项。以 MEN-U2. MNX 为文件名保存设计的菜单。

6. 建立一个菜单 MENU3. MNX，菜单系统具有"文件"、"编辑"、"退出"3 个主菜单项，为"退出"菜单项定义一个快捷键 F3，并且按 F3 键后退出 VFP 系统。

7. 用菜单设计器建立菜单 MENU4. MNX，菜单中要求有"数据查询"、"数据处理"、"系统退出"3 个主菜单项，其中"数据查询"项包含"按学号"、"按专业"、"按姓名"3 个子菜单项，"数据处理"项又包含"修改"、"添加"、"删除"3 个子菜单项，修改的快捷键为 C，删除的快捷键为 D，选择"系统退出"项时返回 VFP 的系统菜单，在"数据处理"和"系统退出"菜单项之间加入一条分隔线。

第二部分»

Visual FoxPro程序设计
习题集

第1章 数据库系统基础知识

一、选择题

1. Visual FoxPro 是(　　)。
   A. 操作系统的一部分
   B. 操作系统支持下的系统软件
   C. 一种编译程序
   D. 一种操作系统

2. 如果一个商店出售多种商品，则该商店与所出售商品两个实体的联系是(　　)。
   A. 1∶1
   B. m∶n
   C. 1∶n
   D. n∶1

3. 升学考试一个考生只能有一个考号，且一个考号只能对应一个考生，这是(　　)。
   A. 一对多关系
   B. 多对多关系
   C. 多对一关系
   D. 一对一关系

4. 下列关系中，属于一对多关系的是(　　)。
   A. 某地升学考试所有考生的集合与所有考生考号的集合之间的关系
   B. 某地升学考试所有考生的集合与所有考试科目的集合之间的关系
   C. 某地升学考试所有考生的集合与所有考生姓名的集合之间的关系
   D. 某地升学考试所有考生的集合与所有监考人员的集合之间的关系

5. 一间宿舍可住多名学生，则实体宿舍和学生之间的联系属于(　　)。
   A. 一对一
   B. 一对多
   C. 多对多
   D. 多对一

6. Visual FoxPro 是一种关系数据库管理系统，所谓关系是指(　　)。
   A. 表中各记录间的关系
   B. 表中各字段间的关系
   C. 数据模型符合满足一定条件的二维表格式
   D. 一个表与另一个表间的关系

7. DBAS 指的是(　　)。
   A. 数据库管理系统
   B. 数据库系统
   C. 数据库应用系统
   D. 数据库服务系统

8. 数据库(DB)、数据库系统(DBS)、数据库管理系统(DBMS)三者之关系是(　　)。
   A. DB 包含 DBS 和 DBMS
   B. DBS 包含 DB 和 DBMS
   C. DBMS 包含 DBS 和 DB
   D. 三者同级，没有包含关系

9. "商品"与"顾客"两个实体集之间的联系一般是(　　)。
   A. 一对一
   B. 一对多
   C. 多对一
   D. 多对多

10. 如果一条命令太长，在一行内写不下，可以使用续行符号(　　)。
    A. ;
    B. ,
    C. :
    D. !

11. 使用"??"命令输出结果时，光标会(　　)。
    A. 换行
    B. 不换行
    C. 丢失
    D. 改变形状

12. 清除主窗口屏幕的命令是(　　)。

A. CLEAR   B. CLEAR ALL

C. CLEAR SCREEN   D. CLEAR WINDOWS

二、判断题

1. DBMS 是数据库管理系统的英文缩写。

2. Visual FoxPro 是一种网络模型的数据库管理系统。

3. 按照二维表关系模型建立的数据库称为关系数据库。

4. 数据库对于数据库管理系统是完全独立的。

5. 数据库管理系统是系统软件。

6. Visual FoxPro 中把数据看成二维表，并且这个表中还可以套子表。

7. 从列的角度进行的运算即纵向运算是投影运算。

8. 一对多关系是指一张表和多张表的关系。

9. 如果一个班只能有一个班长，而且一个班长不能同时担任其他班的班长，班级和班长两个实体之间的关系属于多对一关系。

10. 命令窗口可以显示命令执行结果。

11. 对任何合法的 Visual FoxPro 命令来说，范围的默认选项都是 ALL。

12. "?"和"??"命令功能一样，结果都是显示在下一行的开头。

第2章　Visual FoxPro 的数据及其运算

一、选择题

1. 14E−12 是一个(　　　)。

    A. 字符常量　　　　　　B. 数值常量　　　　　C. 货币型常量　　　　D. 非法表达式

2. 3E−4 是一个(　　　)。

    A. 字符变量　　　　　　B. 内存变量　　　　　C. 数值常量　　　　D. 非法表达式

3. NOT 2*5>10 的值的类型是(　　　)。

    A. 字符型　　　　　　　B. 日期型　　　　　　C. 逻辑型　　　　　D. 数值型

4. SQRT( ) 函数的功能是(　　　)。

    A. 返回表达式指定位数的四舍五入结果

    B. 返回指定表达式的符号

    C. 返回表达式的算术平方根

    D. 返回指定表达式的整数部分

5. 当内存变量与字段变量重名时，系统优先处理(　　　)。

    A. 内存变量　　　　　B. 字段变量　　　　　C. 全局变量　　　　D. 局部变量

6. 给内存变量 MX 赋值后，其类型为 D 的语句是(　　　)。

    A. MX = 04/05/08　　　　　　　　　　B. MX = '04/05/08'

    C. MX = CTOD(04/05/08)　　　　　　D. MX = CTOD('04/05/08')

7. 函数 LEN(TRIM(SPACE(2)+"ABC"+SPACE(3))) 的返回值是(　　　)。

    A. 3　　　　　　　　　　B. 4　　　　　　　　　C. 5　　　　　　　　D. 6

8. 日期型数据不允许进行的运算是(　　　)。

    A. 比较　　　　　　　　　　　　　　B. 日期加或减整数

    C. 两个日期相加　　　　　　　　　　D. 两个日期相减

9. 若 D1、D2 是有效日期型变量，则在 D1+100、D2−100、D2−D1 和 D2+D1 四个表达式中，有效表达式个数为(　　　)。

    A. 1　　　　　　　　　　B. 2　　　　　　　　　C. 3　　　　　　　　D. 4

10. 下列表达式中，写法错误的是(　　　)。

    A. "计算机"+"123"　　　　　　　　　B. "计算机"+DTOC({^2004/01/01})

    C. .T.+.F.　　　　　　　　　　　　　D. {^2004/01/01}+10

11. 下列关于变量的叙述中，不正确的是(　　　)。

    A. 变量值可以随时改变

    B. 在 Visual FoxPro 中，变量分为字段变量和内存变量

    C. 变量的类型决定变量值的类型

    D. 在 Visual FoxPro 中，可以将不同类型的数据赋给同一个变量

12. 下列运算符优先级最低的是(　　　)。

A. AND　　　　　　　B. OR　　　　　　　C. NOT　　　　　　　D. !

13. 下列字符型常量的表示中，错误的是(　　　　)。

A. '65+13'　　　　B. ["计算机基础"]　　C. [[中国]]　　　　D. '[x=y]'

14. 下面不能给内存变量赋值的语句是(　　　　)。

A. x=3+5　　　　B. x="13+5"　　　　C. x=13+6　　　　D. x==val("3+5")

15. 下面对内存变量的叙述，错误的是(　　　　)。

A. 内存变量名可以由字母、数字或下划线组成

B. 内存变量名可以由字母开头

C. 内存变量名可以由数字开头

D. 内存变量名可以由下划线开头

16. 以下关于空值(NULL)叙述正确的是(　　　　)。

A. 空值等同于空字符串

B. 空值表示字段或变量还没有确定值

C. VFP 不支持空值

D. 空值等同于数值 0

17. 以下数据中不是字符型数据的是(　　　　)。

A. 01/01/08　　　B. '01/01/07'　　　C. "12345"　　　D. [ASDF]

18. 以下四组函数中，返回值的数据类型一致的是(　　　　)。

A. DTOC(DATE()), DATE(), YEAR(DATE())

B. ALLTRIM("VFP 6.0"), ASC("A"), SPACE(8)

C. EOF(), RECCOUNT(), DBC()

D. STR(3.14, 3, 1), DTOC(DATE()), SUBSTR("ABCD", 3, 1)

19. 在 Visual FoxPro 中，可以在同类数据之间进行"−"运算的数据类型是(　　　　)。

A. 数值型、字符型和逻辑型　　　　　　B. 数值型、字符型和日期型

C. 数值型、日期型和逻辑型　　　　　　D. 逻辑型、字符型和日期型

20. 在下列逻辑运算符中，运算先后顺序为(　　　　)。

A. NOT−AND−OR　　　　　　　　B. OR−NOT−AND

C. NOT−OR−AND　　　　　　　　D. AND−NOT−OR

21. 在下述 Visual FoxPro 表达式中，结果总是逻辑值的为(　　　　)。

A. 字符表达式　　　　　　　　　B. 算术表达式

C. 关系表达式　　　　　　　　　D. 日期表达式

22. 函数 INT(数值表达式)的功能是(　　　　)。

A. 按四舍五入取数值表达式的整数部分　　B. 返回数值表达式的整数部分

C. 返回不大于数值表达式的最大整数　　　D. 返回不小于数值表达式的最小整数

23. 设：工资=580，职称="讲师"，性别="男"，结果为假的逻辑表达式是(　　　　)。

A. 工资>550 AND 职称="助教" OR 职称="教授"

B. 性别="女" OR NOT 职称="助教"

C. 工资>500 AND 职称="讲师" AND 性别="男"

D. 工资=550 AND 职称="教授" OR 性别="男"

24. 设有一个字段变量"姓名"，目前值为"王华"，又有一个内存变量"姓名"，其值为"李

敏"，则命令"？姓名"的结果为(　　　)。

 A. 王华   B. 李敏   C. "王华"   D. "李敏"

25. 下列不能作为字段名的是(　　　)。

 A. 价格   B. 价 格   C. 价格_a   D. 价格_5

26. DIMENSION 命令用于声明(　　　)。

 A. 对象   B. 变量   C. 字段   D. 数组

27. 可以将变量 A，B 值交换的程序段是(　　　)。

 A. A = B   B. A = (A+B)/2 C. A = A+B   D. A = C

  B = A   B = (A−B)/2   B = A−B   C = B

                 A = A−B   B = A

28. 若已定义了数组 A[3，5]，则其元素个数为(　　　)。

 A. 8   B. 15   C. 20   D. 24

29. 下列关于数组的叙述中，错误的是(　　　)。

 A. 用 DIMENSION 和 DECLARE 都可以定义数组

 B. Visual FoxPro 中只支持一维数组和二维数组

 C. 一个数组中各个数组元素必须是同一种数据类型

 D. 新定义数组的各个数组元素初值为 .F.

30. 用 DECLARE 命令定义数组后，各数组元素在赋值前的数据类型是(　　　)。

 A. 无类型   B. 字符型   C. 逻辑型   D. 数值型

31. 执行定义数组命令 DIMENSION A(3)，则语句 A = 3 的作用是(　　　)。

 A. 对 A(1)赋值为 3

 B. 对每个元素均赋相同的值 3

 C. 对简单变量 A 赋值 3，与数组无关

 D. 语法错误

32. 执行语句 DIMENSION M(6)，N(4，5)后，数组 M 和 N 的元素个数分别为(　　　)。

 A. 6　20   B. 6　5   C. 7　21   D. 6　9

33. 表达式 3 * 4^2−5/10+2^3 的值为(　　　)。

 A. 55   B. 55.5   C. 65.5   D. 0

34. 结果为逻辑真的表达式是(　　　)。

 A. "ABC" $ "ACB"   B. "ABC" $ "GFABHGC"

 C. "ABCGHJ" $ "ABC"   D. "ABC" $ "HJJABCJKJ"

35. 日期型常量的定界符是(　　　)。

 A. 单引号   B. 花括号   C. 方括号   D. 双引号

36. 设 N = 886，M = 345，K = "M+N"，表达式 1+&K 的值是(　　　)。

 A. 1232   B. 数据类型不匹配

 C. 1+M+N   D. 346

37. 使用货币类型时，需要数字前加上(　　　)符号。

 A. #   B. &   C. *   D. $

38. 下列表达式中，是逻辑型常量的是(　　　)。

 A. .Y   B. .N   C. NOT   D. .F.

39. 下列表达式中结果为"计算机等级考试"的表达式为( )。
    A. "计算机"｜"等级考试"　　　　　　B. "计算机"&"等级考试"
    C. "计算机"and"等级考试"　　　　　　D. "计算机"+"等级考试"

40. 下列常量中，只占用内存空间 1 个字节的是( )。
    A. 数值型常量　　B. 字符型常量　　　　C. 日期型常量　　　　D. 逻辑型常量

41. 下列选项中不能够返回逻辑值的是( )。
    A. EOF( )　　　　B. BOF( )　　　　C. RECNO( )　　D. FOUND( )

42. 下面为常量的数据是( )。
    A. [ab]　　　　　B. x = 3　　　　　　C. T　　　　　　　D. F

43. 要存储员工上下班打卡的日期和时间，应采用( )数据类型的字段。
    A. 字符类型　　　B. 日期类型　　　　C. 日期时间类型　　D. 备注类型

44. 可用函数( )得到当前记录号。
    A. EOF( )　　　　B. BOF( )　　　　C. RECC( )　　　　D. RECNO( )

45. . F. 是( )常量。
    A. 数值型　　　　B. 字符型　　　　　C. 逻辑型　　　　　D. 日期型

46. 如果成功的执行了命令：
    ? H->KCH, M->KCH
    则说明( )。
    A. 两个 KCH 都是内存变量
    B. 前一个 KCH 是内存变量，后一个 KCH 是字段变量
    C. 两个 KCH 都是字段变量
    D. 前一个 KCH 是字段变量，后一个 KCH 是内存变量

47. 数学表达式 4≤X≤7 在 Visual FoxPro 中应表示为( )。
    A. X>=4 OR X<=7　　　　　　　　B. X>=4 AND X<=7
    C. X≤7 AND 4≤X　　　　　　　　D. 4≤X OR X≤7

48. 在下面 Visual FoxPro 表达式中，运算结果为字符串的是( )。
    A. [125]−[100]　　　　　　　　　B. [ABC]+[XYZ]=[ABCXYZ]
    C. CTOD([07/01/03])　　　　　　D. VAL("A"+[07/05/03])

二、判断题

1. "It is a 'string"是一个合法的字符串。

2. [. T.]是字符型常量。

3. {^2008/10/18}−1 = {^2008/10/17}的结果是一个逻辑值。

4. {2008/10/12}是日期型常量。

5. A+1 = A 是一个赋值语句。

6. CLEAR 命令可以清除所有内存变量。

7. CTOD( )可以将日期型数据转换成字符型数据。

8. STR( )函数的作用是将数值型数据转换成字符型数据，且对小数部分进行四舍五入。

9. SUBSTR( )函数的作用是将数值型数据转换成字符型数据。

10. Visual FoxPro 程序文件的扩展名是 DBF。

11. Visual FoxPro 的字符串运算符有+、−、 $ 和%。

12. Visual FoxPro 数据类型只有数值型、字符型、逻辑型、日期型和备注型。

13. 测试表达式"1+2=3"的类型可以书写为"? TYPE(1+2=3)"。

14. 常量、变量和函数都是表达式的一个特例。

15. 字段变量和内存变量一样，可以用"="命令被赋值。

16. "+"号一定是算术运算符。

17. CONTINUE 语句必须与 LOCATE 语句联合使用。

18. EOF( )函数返回值为真时，记录指针指向最后一条记录。

19. Visual FoxPro 中"&"是宏代换符号，实现对字符型和数值型数据的代换功能。

20. 退出 Visual FoxPro 后，清除所有内存变量。

21. 一个内存变量经过多次赋值后具有多个值。

22. 用关系运算符将两个数值型表达式连接起来形成的表达式其值是数值型的。

23. 在命令窗口中输入的命令，按回车键才能执行。

24. 在命令窗口中执行 QUIT 命令不能关闭 Visual FoxPro。

25. 字段变量的类型可以通过赋值任意改变。

26. 字符型、数值型和备注型字段的宽度都是不定长的。

27. 常量是其值在程序的执行过程中可以改变的量。

28. 备注型数据是较长文本数据，备注字段内容保存在一个与数据表同名而扩展名为".FXT"的文件中。

29. 空值等价于没有任何值。

30. 表达式"职称>=[讲师]"符合职称为"副教授"或"教授"这个要求。

31. DIME AB(3，4)，则 AB(2，3)的值为 5。

第3章 结构化程序设计

一、选择题

1. 在 Visual FoxPro 中，命令 QUIT 的作用是(　　)。
   A. 终止运行程序
   B. 执行另一个程序
   C. 结束当前程序的执行，返回调用它的上一级程序
   D. 退出 Visual FoxPro 系统环境

2. 执行"ACCEPT "X=" TO X"命令，可从键盘给变量 X 输入数据的类型是(　　)。
   A. 字符型
   B. 数值型
   C. 逻辑型和日期型
   D. 除备注型和通用型外

3. 关于内存变量的调用，下列说法正确的是(　　)。
   A. 局部变量不能被本层模块程序调用
   B. 私有变量只能被本层模块程序调用
   C. 变量能被本层模块和下层模块程序调用
   D. 变量能被本层模块和下层模块程序调用

4. 关于循环嵌套的叙述中正确的是(　　)。
   A. 循环体内不能含有条件语句
   B. 循环不能嵌套在条件语句中
   C. 嵌套只能一层，否则程序出错
   D. 正确的嵌套不能交叉

5. 结构化程序设计的三种基本逻辑结构是(　　)。
   A. 选择结构、循环结构和嵌套结构
   B. 顺序结构、选择结构和循环结构
   C. 选择结构、循环结构和模块结构
   D. 顺序结构、递归结构和循环结构

6. 设某程序中有 PROG1. PRG、PROG2. PRG、PROG3. PRG 三个程序依次嵌套，下面叙述中正确的是(　　)。
   A. 在 PROG1. PRG 中用! RUN PROG2. PRG 语句可以调用 PROG2. PRG 子程序
   B. 在 PROG2. PRG 中用 RUN PROG3. PRG 语句可以调用 PROG3. PRG 子程序
   C. 在 PROG3. PRG 中用 RETURN 语句可以返回 PROG1. PRG 主程序
   D. 在 PROG3. PRG 中用 RETURN TO MASTER 语句可以返回 PROG1. PRG 主程序

7. 设有下列程序段：
```
DO WHILE <逻辑表达式 1>
    DO WHILE <逻辑表达式 2>
    ENDDO
    EXIT
ENDDO
```
则执行到 EXIT 语句时，将执行(　　)。
   A. 第 1 行
   B. 第 2 行

　　C. 第 3 行的下一个语句　　　　　　　D. 第 5 行的下一个语句

8. 下列程序段有语法错误的行为第(　　　)行。

```
do case
    case a>0
            s = 1
    else
            s = 0
endcase
```

　　A. 2　　　　　　　　　B. 4　　　　　　　C. 5　　　　　　　　D. 6

9. 下列程序实现的功能是(　　　)。

```
A = 0
FOR I = 1 TO 100
    IF INT( I/2) <>I/2
        A = A+I
    ENDIF
ENDFOR
? A
RETURN
```

　　A. 求 1 到 100 之间的奇数和　　　　　B. 求 1 到 100 之间的偶数和

　　C. 求 1 到 100 之间的累加和　　　　　D. 求 1 到 100 之间能被 2 整除的数的和

10. 程序实现的功能是(　　　)。

```
USE DB1
X = 0
SCAN FOR 性别 = "男"
    X = X+1
ENDSCAN
? X
USE
```

　　A. 求数据表 DB1 中全部记录数

　　B. 求数据表 DB1 中性别为女的记录数

　　C. 求数据表 DB1 中性别为男的记录数

　　D. 上述三者都不对

11. 下列程序实现的功能是(　　　)。

```
USE  学生
DO WHILE NOT EOF( )
    IF 数学>=60
        SKIP
        LOOP
    ENDIF
    DISPLAY
```

```
        SKIP
    ENDDO
    USE
```

  A. 显示所有数学成绩大于 60 的记录

  B. 显示所有数学成绩低于 60 的记录

  C. 显示第一条数学成绩大于 60 的记录

  D. 显示第一条数学成绩低于 60 的记录

12. 下列说法正确的是(　　　)。

  A. 循环结构的程序中不能包含选择(分支)结构

  B. 使用 LOOP 命令可以跳出循环结构

  C. SCAN 循环结构可以自动向上移动记录指针

  D. FOR 循环结构的程序可以改写成 DO WHILE 循环结构

13. 下列叙述中，正确的是(　　　)。

  A. 在命令窗口中被赋值的变量均为局部变量

  B. 在命令窗口中用 PRIVATE 命令说明的变量均为局部变量

  C. 在被调用的下级程序中用 PUBLC 命令说明的变量都是全局变量

  D. 在程序中用 PUBLC 命令说明的变量均为全局变量

14. 下面多重分支程序段中的错误是(　　　)。

```
    DO CASE
        CASE . T.
            DO CASE
                CASE . T.
                    …
            ENDCASE
        CASE . F.
    CANCEL
```

  A. 缺少 ENDCASE   B. 缺少 OTHERWISE

  C. 条件错误   D. 缺少 DO CASE

15. 下面关于过程调用的陈述中正确的是(　　　)。

  A. 实参与形参个数必须相等

  B. 当实参个数多于形参个数时，多余实参被忽略

  C. 当形参个数多于实参个数时，多余形参取逻辑假

  D. 上面 B 和 C 都对

16. 一个过程文件可以包含多个过程，每个过程的第一条语句是(　　　)。

  A. PARAMETER   B. DO <过程名>

  C. <过程名>   D. PROCEDURE <过程名>

17. 用于说明程序中所有内存变量都是私有变量的命令是(　　　)。

  A. PRIVATE ALL   B. PUBLIC ALL

  C. ALL＝PRIVATE   D. STORE PRIVATE TO ALL

18. 用于选择结构程序设计的 DO CASE 结构格式中，其末尾必须使用的是(　　　)。

A. ENDCASE　　　　B. ENDIF　　　　　C. END CASE　　　　D. ENDDO

19. 在 DO WHILE…ENDDO 循环结构中，EXIT 命令的作用是(　　　)。

A. 退出过程，返回程序开始处

B. 转移到 DO WHILE 语句行，开始下一个判断和循环

C. 终止循环，将控制转移到本循环结构 ENDDO 后面的第一条语句继续执行

D. 终止程序执行

20. 在程序中不需要先建立就可使用的变量是(　　　)。

A. 局部变量　　　　B. 公共变量　　　　C. 私有变量　　　　D. 数组

21. 在下列语句中，不是循环结构语句的是(　　　)。

A. scan…endscan　　B. if…endif　　　　C. for…endfor　　　　D. do…enddo

22. 在下面程序中定义了一些变量，其中是全局变量的是(　　　)。

PUBLIC a1

LOCAL a2，a3

STORE "B" TO a4

LOCATE a5

A. a1　　　　　　　B. a2，a3　　　　　C. a4　　　　　　　D. a5

23. 在循环结构 FOR I＝3 TO 23 STEP 3 中，循环体内容共执行(　　　)。

A. 20 次　　　　　　B. 7 次　　　　　　C. 8 次　　　　　　D. 6 次

24. 永真条件"DO WHILE . T ."的循环中，为退出循环可使用(　　　)。

A. LOOP　　　　　B. EXIT　　　　　　C. CLOSE　　　　　　D. CLEAR

25. 如果要中止一个正在运行的 Visual FoxPro 程序，应该使用(　　　)。

A. F1 键　　　　　　B. Ctrl+Break 键　　　C. Esc 键　　　　　　D. Ctrl+Alt+Del 键

26. 假设创建了一个程序文件 myProc. prg(不存在同名的 . exe、. app 和 . fxp 文件)，然后在命令窗口执行命令 DO myProc，获得正确结果后，用命令 ERASE myProc. prg 删除该程序文件，然后再次执行命令 DO myProc，产生的结果是(　　　)。

A. 出错(找不到文件)

B. 与第一次执行结果相同

C. 系统打开"运行"对话框，要求指定文件

D. 以上都不对

27. 在 Visual FoxPro 中，如果希望跳出 SCAN…ENDSCAN 循环语句，执行 ENDSCAN 后面的语句，应使用(　　　)。

A. LOOP 语句　　　B. EXIT 语句　　　　C. BREAK 语句　　　D. RETURN 语句

二、判断题

1. INPUT 语句只是用来接收数值型数据。

2. 在 Visual FoxPro 中程序语句的顺序是可以任意改变的。

3. 在 Visual FoxPro 中没有提供用户自己定义函数的功能。

4. 命令文件和过程文件中的扩展名都是 PRG。

5. 循环体的退出均是在条件的值为假时退出的。

6. 循环体的退出均是在循环条件的值为假时退出的。

7. 用 ACCEPT 语句键盘输入字符串时，不需要输入引号。

8. 运行 Visual FoxPro 的命令文件时，只需要键入命令文件名，回车即可。

9. 在 DO WHILE…ENDDO 结构中，LOOP 命令的作用是退出循环。

10. 在 Visual ForPro 中，命令程序的基本结构包括顺序结构、选择结构、循环结构和自定义函数与过程。

11. 在 Visual FoxPro 中，FOR…ENDFOR 循环结构中，若省略 STEP <N>项，则表明其循环变量的步长为 1。

12. 在 Visual FoxPro 中，FOR…ENDFOR 循环结构中循环变量的步长可以取小数。

13. 在 Visual FoxPro 中，SCAN…ENDSCAN 结构可适合任何情况下的循环。

14. 在 Visual FoxPro 中，以 FOR 开头的循环结构，只能以 ENDFOR 结束。

15. 在键入"MODI COMM <命令文件名>"命令时，扩展名可以省略不写。

16. 在条件语句 IF…ENDIF 中，若条件不满足，将执行 ENDIF 后面的语句行序列。

17. 子程序和命令文件一样是一独立的磁盘文件，扩展名为 PRG。

18. LOOP 或 EXIT 语句不能单独使用，只能在循环体内使用。

19. 分支语句可以嵌套使用。

20. 能被所有程序模块访问的变量是全局变量。

21. 程序末尾的 RETURN 命令不能省略。

22. 程序基本结构中的顺序结构只有一个入口和一个出口。

23. 多分支语句 DO CASE–ENDCASE 中的各个条件之间必须关联。

三、程序填空题

1. 下面程序的功能是不用第三个变量，实现两个数的对调操作

```
SET TALK OFF
CLEAR
INPUT "A＝" TO A
INPUT "B＝" TO B
A＝A+【1】
B＝【2】－ B
A＝【3】
? "A＝"，A，'B＝'，B
SET TALK ON
```

2. 实现：求 0~100 之间的奇数之和，超出范围则退出。

```
X＝0
Y＝0
DO WHILE .T.
X＝X+1
DO CASE
    CASE【1】
        LOOP
    CASE X>＝100
```

【2】
  OTHERWISE
   Y = Y+X
 ENDCASE
  【3】
? "0-100 之间的奇数之和为：" , Y

3. 1982 年我国第三次人口普查，结果全国人口为 10.3 亿，假如人口增长率为 5%。编写一个程序求在公元多少年总人口翻了一番。

```
SET TALK OFF
CLEAR
P1 = 10.3
N = 1
R = 0.05
P2 = P1 * (1+R)
DO WHILE P2<=【1】
    N =【2】
    P2 = P2【3】(1+R)
ENDD
N = 1982+N
? N,"年人口总数翻了一番"
SET TALK ON
```

4. 设表 AAA.DBF 包括学号、姓名、成绩，下列程序完成显示最高成绩记录的学号、姓名、成绩。

```
SET TALK OFF
USE AAA.DBF
NN = 1
MAX1 = 成绩
DO WHILE NOT【1】
    IF 成绩>MAX1
        MAX1 = 成绩
        NN = RECNO()
    ENDIF
    【2】
ENDDO
【3】
?"最高成绩：学号 = "+学号+"，姓名 = "+姓名+"，成绩 = "
?? 成绩
USE
SET TALK ON
```

5. 从读入的整数数据中，统计大于零的整数个数和小于零的整数个数。用输入零来结束输入，程序中用变量 i 统计大于零的整数个数，用变量 j 统计小于零的整数个数。

```
SET TALK OFF
INPUT "输入整数:"TO N
STORE【1】TO I, J
DO WHILE【2】
    IF N>0
      I=I+1
    ENDIF
    IF N<0
      J=J+1
    ENDIF
    INPUT "输入整数:" TO N
【3】
? "I=", I
? "J=", J
SET TALK ON
```

6. 程序的功能是：删除字符串中的数字字符。例如输入字符串：48CTYP9E6，则输出：CTYPE。

```
SET TALK OFF
ACCEPT "请输入一个字符串:"  TO SS
L=LEN(【1】)
P=''
FOR I=1 TO L
    IF SUBS(SS, I, 1)>'9'【2】SUBS(SS, I, 1)<'0'
      P=P+【3】
    ENDIF
ENDF
? 'P=', P
SET TALK ON
```

7. 将输入的字符串按照正序存放到变量 T 中，再按照逆序连接到变量 T 的末尾。

```
SET TALK OFF
CLEAR
【1】"请输入一个串:" TO SS
T=""
FOR I=1 TO LEN(SS)
    T=T+SUBS(SS, I, 1)
ENDF
FOR J=【2】TO 1 STEP -1
    T=T+【3】
ENDF
```

```
? "生成的新串为:", T
SET TALK ON
```

8. 显示输出如下图形

```
        *
      * * *
    * * * * *
```

```
CLEA
I = 1
DO WHILE I <= 3
   ? SPAC(10-I)
   J = 1
   DO WHILE J <= 2 * I-1
      【1】
      【2】
   ENDDO
【3】
ENDDO
```

9. 计算表达式的值。Y = 2^2/2! +4^4/4! +6^6/6! +8^8/8! +10^10/10!

```
SET TALK OFF
CLEAR
S = 0
FOR I = 2 TO 10 　【1】
    T = 1
    FOR J = 1 TO 　【2】
        T = T * J
    ENDF
    S = S + 【3】
ENDF
? 'S =', S
SET TALK ON
```

10. 算式:? 2 * 7? =3848 中缺少一个十位数和一个个位数。编程求出使该算式成立时的这两个数,并输出正确的算式。

```
SET TALK OFF
CLEAR
FOR X = 【1】    TO  9
    FOR Y = 0  TO 【2】
        IF (10 * X+2) * (70+Y) = 【3】
            ? 10 * X+2, '*', 70+Y," =", 3848
        ENDIF
    ENDF
```

```
ENDF
SET TALK ON
```

四、程序改错题

1. 求 1+5+9+13+…+97 的和。

```
SET TALK OFF
S=0
* * * * * * * * *FOUND* * * * * * * * * *
N=0
DO WHILE N<=97
* * * * * * * * * *FOUND* * * * * * * * * *
    S=S+1
    N=N+4
* * * * * * * * * *FOUND* * * * * * * * * *
ENDWHILE
? S
SET TALK ON
```

2. 从键盘输入十个非零整数，统计能被 3 整除的数的个数。

```
STORE 0 TO I，A
* * * * * * * * * *FOUND* * * * * * * * * *
DO WHILE I<=10
    INPUT  "请输入一个整数:"  TO  N
* * * * * * * * * *FOUND* * * * * * * * * *
    IF MOD(N/3)=0
        A=A+1
    ENDIF
    I=I+1
ENDDO
? A
```

3. 求 $X=1+2+3+…+100$，并同时求出 $1\sim100$ 之间的奇数之和 Y，并且输出这两个和。

```
STORE 0 TO I，X，Y
* * * * * * * * * *FOUND* * * * * * * * * *
DO WHILE I<=100
    I = I+1
    X =X+I
    IF I/2 = INT(I/2)
* * * * * * * * * *FOUND* * * * * * * * * *
        EXIT
    ENDIF
    Y = Y+I
```

```
ENDDO
  ? X, Y
```

4. 求 1~10 之间奇数的阶乘和 $T = 1! + 3! + 5! + \cdots + 9!$。

```
* * * * * * * * * *FOUND* * * * * * * * * *
T = 1
P = 1
I = 1
* * * * * * * * * *FOUND* * * * * * * * * *
DO WHILE I<10
    P = P * I
* * * * * * * * * *FOUND* * * * * * * * * *
    IF INT(I/2) = I/2
        T = T+P
    ENDIF
    I = I+1
ENDDO
?"T=", T
```

5. 计算出 1~50 以内（包含 50）能被 3 和 5 整除的数之和。

```
SET TALK OFF
X = 0
* * * * * * * * * *FOUND* * * * * * * * * *
Y = 1
* * * * * * * * * *FOUND* * * * * * * * * *
DO WHIL NOT EOF( )
    X = X+1
    DO CASE
    CASE MOD(X, 5) = 0 AND MOD(X, 3) = 0
            Y = Y+X
        CASE X< = 50
            LOOP
        CASE X>50
            EXIT
    ENDCASE
ENDDO
* * * * * * * * * *FOUND* * * * * * * * * *
? X
SET TALK ON
```

6. 计算 $s = 1+1+2+1+2+3+\ldots+1+2+3+4+\ldots+10$ 请在屏幕上输出结果。

```
SET TALK OFF
CLEAR
```

```
* * * * * * * * * * FOUND * * * * * * * * * *
S = P = 0
FOR I = 1 TO 10
  * * * * * * * * * * FOUND * * * * * * * * * *
    P = P − I
    S = S + P
ENDF
  * * * * * * * * * * FOUND * * * * * * * * * *
? "P =", P
```

7. 从键盘输入一串汉字，将它逆向输出，并在每个汉字中间加一个" * "号。例如：输入"计算机考试"，应输出"试 * 考 * 机 * 算 * 计"

```
SET TALK OFF
ACCEPT TO A
* * * * * * * * * * FOUND * * * * * * * * * *
DO N = 2 TO LEN(A)
* * * * * * * * * * FOUND * * * * * * * * * *
?? SUBSTR(A, LEN(A)−N, 2)
IF N#LEN(A)
  * * * * * * * * * * FOUND * * * * * * * * * *
         ? " * "
    ENDIF
ENDFOR
SET TALK ON
```

8. 有一个字符串" ABC"，将其插入 3 个数字转换为:"A1B2C3"输出。

```
C1 = " ABC"
C2 = " "
FOR I = 1 TO 3
  * * * * * * * * * * * FOUND * * * * * * * * * *
    A = SUBS(C1, I)
  * * * * * * * * * * * FOUND * * * * * * * * * *
    C2 = C2 + A + I
ENDFOR
? C2
```

9. 表 XSDA. DBF 结构为：学号(C, 6)，姓名(C, 6)，性别(C, 2)，入学成绩(N, 6, 2)。本程序复制表 XSDA 的记录到表 XS1 中，在表 XS1 中查找入学成绩 550 分以上的同学，将其删除并浏览 XS1 的内容。

```
SET TALK OFF
USE XSDA
* * * * * * * * * * * FOUND * * * * * * * * * *
COPY STRUCTURE TO XSDA
```

```
USE XS1
 * * * * * * * * * FOUND * * * * * * * * * *
LOCATE ALL 入学成绩>=550
DO WHILE FOUND( )
    DELETE
 * * * * * * * * * FOUND * * * * * * * * * *
    LOOP
ENDDO
PACK
BROW
USE
SET TALK ON
```

10. 打开表 XSDB. DBF，统计姓张、姓王、姓李，三个姓的学生人数并将人数输出。

```
USE XSDB
C=0
 * * * * * * * * * FOUND * * * * * * * * * *
LOCA 姓名="张". AND. "王". AND. "李"
DO WHILE FOUN( )
    C=C+1
 * * * * * * * * * FOUND * * * * * * * * * *
    COUN
ENDDO
? C
USE
```

五、程序设计题

1. 编程将两个两位数的正整数 A、B 合并形成一个整数放在 C 中。合并的方式是：将 A 数的十位和个位数依次放在 C 数的百位和个位上，B 数的十位和个位数依次放在 C 数的十位和千位上。将 C 结果存入变量 OUT 中。

```
A=45
B=12
OUT=-1
 * * * * * * * * * Program * * * * * * * * * *
 * * * * * * * * *  End  * * * * * * * * * * *
```

2. 输出 10~50 之间所有能被 7 整除的数。(用 DO WHIL 语句实现)并将这些数的和存入所给变量 OUT 中。

```
OUT=-1
 * * * * * * * * * Program * * * * * * * * * *
 * * * * * * * * *  End  * * * * * * * * * * *
```

3. 编程求 P=1-1/(2×2)+1/(3×3)-1/(4×4)+1/(5×5)。将结果存入变量 OUT 中，要求用

DO WHILE 语句实现。

OUT = -1

* * * * * * * * * Program * * * * * * * * *

* * * * * * * * * * End * * * * * * * * * *

4. 编程求出 1 * 1+2 * 2+......+N * N <= 1000 中满足条件的最大的 N,将结果存入变量 OUT 中。要求用 DO WHILE 语句实现。

OUT = -1

* * * * * * * * * Program * * * * * * * * *

* * * * * * * * * * End * * * * * * * * * *

5. 编程判断一个整数 W 的各位数字平方之和能否被 5 整除,可以被 5 整除则返回 1,否则返回 0。将结果存入变量 OUT 中,要求用 DO WHILE 语句实现。

OUT = -1

W = 39

* * * * * * * * * Program * * * * * * * * *

* * * * * * * * * * End * * * * * * * * * *

6. 编程求 SUM = 1/3+1/33+1/333+1/3333+1/33333 的值。将结果存入变量 OUT 中,要求用 FOR 循环语句实现。

OUT = -1

* * * * * * * * * Program * * * * * * * * *

* * * * * * * * * * End * * * * * * * * * *

7. 编程求一分数序列 2/1,3/2,5/3,8/5,13/8,21/13…的前 20 项之和,将结果存入变量 OUT 中,要求用 FOR 循环语句实现。

OUT = -1

* * * * * * * * * Program * * * * * * * * *

* * * * * * * * * * End * * * * * * * * * *

8. 编程找出一批正整数中的最小的偶数。将结果存入变量 OUT 中。用 FOR 循环语句编写程序代码。

DIME ARRAY(10)

ARRAY(1) = 1

ARRAY(2) = 3

ARRAY(3) = 6

ARRAY(4) = 96

ARRAY(5) = 4

ARRAY(6) = 23

ARRAY(7) = 35

ARRAY(8) = 67

ARRAY(9) = 12

ARRAY(10) = 88

OUT = -1

* * * * * * * * * * Program * * * * * * * * * *

* * * * * * * * * * *　　End　　* * * * * * * * * * *

9. 过滤已存在字符串变量 STR 中的内容，只保留串中的字母字符，并统计新生成串中包含的字母个数。将生成的结果字符串存入变量 OUT 中。

OUT = " "

STR = " ab23 %^(u)"

* * * * * * * * * *Program* * * * * * * * * *

* * * * * * * * * *　　End　　* * * * * * * * * *

10. 编程将一个由四个数字组成的字符串转换为每两个数字间有一个字符"＊"的形式输出。例如输入"4567"，应输出"4＊5＊6＊7"。将结果存入变量 OUT 中。

STR = "4567"

OUT = " "

* * * * * * * * * *Program* * * * * * * * * *

* * * * * * * * * *　　End　　* * * * * * * * * *

第4章 表的基本操作

一、选择题

1. 表文件 ST. DBF 中有字段：姓名(C)、出生年月(D)和总分(N)等，要建立姓名、总分和出生年月的组合索引，其索引关键字表达式是(   )。
   A. 姓名+总分+出生年月　　　　　　　B. "姓名"+"总分"+"出生年月"
   C. 姓名+STR(总分)+STR(出生年月)　　D. 姓名+STR(总分)+DTOC(出生年月)

2. 打开表并设置当前有效索引(相关索引已建立)的正确命令是(   )。
   A. ORDER student INDEX 学号　　　　B. USE student ORDER 学号
   C. INDEX 学号 ORDER student　　　　 D. USE student

3. 打开学生表后，在显示记录时，将成绩升序排列的命令是(   )。
   A. INDEX ON 成绩 TAG ABC
   B. INDEX ON 成绩 * (−1) TAG ABC
   C. INDEX ON 成绩 TAG ABC DESC
   D. INDEX ON 成绩 * (−1) TAG ABC ASCE

4. 当前表有学号、数学、英语、计算机和总分等五个字段，其中后四个字段均为数值型字段，将当前记录的三科成绩汇总后存入总分字段中，可使用的命令是(   )。
   A. SUM 数学+英语+计算机 TO 总分
   B. REPLACE FOR . T. 总分 WITH 数学+英语+计算机
   C. REPLACE 总分 WITH 数学+英语+计算机
   D. REPLACE 总分 WITH SUM(数学，英语，计算机)

5. 当前记录是 7 号，执行 SKIP −3 和 DISPLAY NEXT 3 两条命令后显示的记录序号是(   )。
   A. 3、4、5　　　　B. 4、5、6　　　　C. 2、3、4　　　　D. 3

6. 对数据表建立性别(C，2)和年龄(N，2)的复合索引时，正确的索引关键字表达式为(   )。
   A. 性别+年龄　　　　　　　　　　　B. 性别+STR(年龄，2)
   C. 性别，STR(年龄)　　　　　　　　D. 性别，年龄

7. 结构复合索引文件的特点是(   )。
   A. 一个索引文件中只能存放一个索引
   B. 索引文件中必须有一个主索引
   C. 结构索引文件名与表文件名可以不同
   D. 结构索引文件随表文件打开而自动打开

8. 命令"DELETE FOR 奖学金<300"和"DELETE FILE CHX3. PRG"，(   )。
   A. 都是删除文件　　　　　　　　　B. 前者删除记录，后者删除文件
   C. 都是删除记录　　　　　　　　　D. 前者删除文件，后者删除记录

9. 设 STUDENT 表有 10 条记录，执行如下命令：USE STUDENT 和 INSERT BLANK 则结果是在 STUDENT 表的(　　　)。

　　A. 在第一条记录的前面插入一个空白记录

　　B. 在第一条记录的后面插入一个空白记录

　　C. 在最后一条记录的前面插入一个空白记录

　　D. 在最后一条记录的后面插入一个空白记录

10. 设学生表中共有 100 条记录，执行如下命令，执行结果是(　　　)。

　　INDEX ON -总分 TO ZF

　　SET INDEX TO ZF

　　GO TOP

　　? RECNO( )

　　A. 显示的记录号是 1　　　　　　　　　　B. 显示分数最高的记录号

　　C. 显示的记录号是 100　　　　　　　　　D. 显示分数最低的记录号

11. 下列可以作为字段名的是(　　　)。

　　A. NAME+1　　　　B. NAME-9　　　　C. NAME_ 9　　　　D. 9NAME

12. 用命令"INDEX ON 姓名 TAG index_ name UNIQUE"建立索引，其索引类型是(　　　)。

　　A. 主索引　　　　B. 普通索引　　　　C. 候选索引　　　　D. 惟一索引

13. 允许记录中出现重复索引值的索引是(　　　)。

　　A. 普通索引　　　　B. 唯一索引　　　　C. 候选索引　　　　D. 主索引

14. 在"职工档案"表中，婚否是 L 型字段，性别是 C 型字段，若检索"已婚的女同志"，应使用逻辑表达式(　　　)。

　　A. 婚否 OR (性别='女')　　　　　　　　B. (婚否=.T.) AND (性别='女')

　　C. 婚否 AND (性别=女)　　　　　　　　D. 已婚 OR (性别=女)

15. 在 Visual FoxPro 中，建立索引的作用之一是(　　　)。

　　A. 节省存储空间　　　　　　　　　　　B. 便于管理

　　C. 提高查询速度　　　　　　　　　　　D. 提高查询和更新速度

16. 在 Visual FoxPro 中，用 LOCATE FOR <expL>命令按条件查找记录，当查找到满足条件的第一条记录后，若还需要查找下一条满足条件的记录，应使用(　　　)。

　　A. 再次用 LOCATE FOR <expL>命令　　　B. SKIP 命令

　　C. CONTINUE 命令　　　　　　　　　　D. GO 命令

17. 执行命令"INDEX ON 姓名 TAG index_ name"建立索引后，下列叙述错误的是(　　　)。

　　A. 此命令建立的索引是当前有效索引

　　B. 此命令所建立索引将保存在 IDX 文件中

　　C. 表中记录按索引表达式升序排序

　　D. 此命令的索引表达式是"姓名"，索引名是"index_ name"

18. 在 Visual FoxPro 环境下，用 LIST STRU 命令显示表中每个记录的长度为 60，用户实际可用字段的总宽度为(　　　)。

　　A. 60　　　　　　B. 61　　　　　　C. 59　　　　　　D. 58

19. 建立索引时，(　　　)字段不能作为索引字段。

　　A. 字符型　　　　B. 数值型　　　　C. 备注型　　　　D. 日期型

20. 建立两个表之间的临时关系时，必须设置(　　)。
    A. 主表的主索引   B. 主表的主控索引
    C. 子表的主索引   D. 子表的主控索引

21. 修改表结构的命令是(　　)。
    A. MODI COMM   B. MODI STRU
    C. MODI DATA   D. MODI FILE

22. 表文件当前记录位置为记录号 100，将记录指针移向记录号 60 的命令是(　　)。
    A. SKIP 60   B. SKIP 40   C. SKIP -40   D. GO -40

23. 对一个数据表文件执行了 LIST 命令之后，再执行? EOF( )命令的结果是(　　)。
    A. . F.   B. . T.   C. 0   D. 1

24. 命令 ZAP 的作用是(　　)。
    A. 将当前工作区内打开的表文件中所有记录加上删除标记
    B. 将当前工作区内打开的表文件删除
    C. 将当前工作区内打开的表文件所有记录作物理删除
    D. 将当前工作区内打开的表文件结构删除

25. 计算所有职称为正、副教授的工资总额，并将结果赋给内存变量 ZE，应使用的命令是
    (　　)。
    A. SUM 工资 TO ZE FOR 职称="副教授" AND "教授"
    B. SUM 工资 TO ZE FOR 职称="副教授" OR "教授"
    C. SUM 工资 TO ZE FOR 职称="副教授" AND 职称="教授"
    D. SUM 工资 TO ZE FOR 职称="教授" OR 职称="副教授"

26. 不论索引是否生效，定位到相同记录上的命令是(　　)。
    A. GO TOP   B. GO BOTTOM   C. GO 6   D. SKIP

27. 彻底删除记录数据可分为两步来实现，这两步是(　　)。
    A. PACK 和 ZAP   B. PACK 和 RECALL
    C. DELETE 和 PACK   D. DELETE 和 RECALL

28. Visual FoxPro 中逻辑删除是指(　　)。
    A. 真正从磁盘上删除表及记录
    B. 逻辑删除是在记录旁作删除标志，不可以恢复记录
    C. 真正从表中删除记录
    D. 逻辑删除只是在记录旁作删除标志，必要时可以恢复记录

29. 在已经打开的带索引文件的表中做查询，可使用(　　)命令进行快速查询。
    A. LOCATE   B. SEEK   C. MODI STRU   D. MODI COMM

30. 假设表 ABC.DBF 中共有 10 条记录，执行下列命令后，屏幕所显示的记录号顺序(　　)。
    USE ABC.DBF
    GOTO 6
    LIST NEXT 5
    A. 1~5   B. 1~6   C. 5~10   D. 6~10

31. 在 Visual FoxPro 中，LOCATE FOR <表达式>命令属于指针(　　)定位命令。

A. 绝对　　　　　B. 相对　　　　　C. 条件　　　　　D. 顺序

32. 以下程序段执行后，数据记录指针指向(　　　)。

DIMENSION A(3)

A(1)='top'

A(2)='bottom'

A(3)='skip'

Go &A(2)

A. 表头　　　　　　　　　　B. 表的最末一条记录

C. 第 5 条记录　　　　　　　D. 第 2 条记录

二、判断题

1. LIST | DISPLAY 命令是在 Visual FoxPro 的浏览窗口显示记录内容。

2. PACK 命令可以恢复已被逻辑删除的数据记录。

3. SKIP 命令和 GO 命令功能完全相同。

4. Visual FoxPro 的字段是一种变量。

5. Visual FoxPro 中，工作区只有 10 个供用户同时使用。

6. 备注文件必须与表文件同时使用。

7. 备注型字段的输入可以在进入文字编辑窗口后进行。

8. 表和索引文件建立后，则索引文件和表文件必须一起使用。

9. 表设计器所创建的索引一定会存储在结构复合索引文件中。

10. 表文件的别名可以指定为该工作区的别名。

11. 表文件关联后可生成一个新的表文件。

12. 表文件使用 SORT 命令排序后，新生成的排序文件取代了原来表的文件名。

13. 表文件由结构和记录内容两部分组成。

14. 打开索引文件后，执行 SKIP 命令，当前记录号不一定增加。

15. 当创建好一张表后，要在表的末尾追加一条记录，只能输入命令 INSERT。

16. 关闭索引文件后，表的显示就恢复原来的顺序。

17. 将指针指向表文件中第一条记录的命令可以用 GO 1。

18. 命令 LIST FOR 性别="女"与命令 LIST WHILE 性别="女"的功能相同。

19. 排序命令的结果将生成一个新表。

20. 筛选是选择表记录作为数据处理对象，而投影是选择表字段作为数据处理对象。

21. 使用 DELETE 命令可逻辑删除记录。

22. 使用 Visual FoxPro 命令编辑表的数据时，必须先打开表。

23. 所有改变记录指针的命令只影响当前工作区的表文件。

24. 索引文件的使用依赖于表文件。

25. 要恢复已被 DELETE 命令删除的数据记录，必须执行 PACK 命令。

26. 一般情况下，记录指针只能在当前工作区移动。

27. 已经打开的表文件关闭后，才能打开下一个表文件。

28. 用 PACK 命令删除记录可以用 RECALL 命令恢复，而用 ZAP 命令删除的记录不能用 RECALL 命令恢复。

29. 用 USE 命令打开表时，指针默认指向第一条记录。

30. 用 ZAP 命令可以删除表文件。

31. 在 VFP 中，使用 DELETE 后再用 PACK 和 ZAP 都可以将记录从数据库中删除。

32. 在键入打开表命令时，扩展名 .DBF 可以省略不写。

33. 在缺省所有选择项时，DISPLAY 和 LIST 命令显示记录的多少是一样的。

34. 在索引文件打开状态下，INSERT 命令和 APPEND 命令一定添加在最后一条记录上。

35. 在学生表打开后，查找第 3 个男生记录的方法是连续执行三次"LOCATE FOR 性别 = "男""命令。

36. 在自由表中可以建立主索引。

37. 执行 DELETE 命令一定要慎重，否则记录逻辑删除后，将无法恢复。

38. 指定主索引后，执行 SKIP 5 命令，则移动后的记录号一定比移动前的记录号多 5。

39. 自由表中的数据必须是在数据库文件打开后才能修改。

40. LIST 命令和 DISPLAY 命令在不加任何子句(短语)时，均显示表中所有记录。

41. 表文件已经打开，当前记录中姓名字段的值是"王小平"，执行以下命令序列：

    姓名="李敏"

    ? 姓名

    则显示的结果是:"李敏"

42. 若职工档案表 RS. DBF 中含有出生日期(D 型)字段，使用命令 LIST FOR YEAR(DATE())-YEAR(出生日期)<40 后，可以显示所有小于 40 岁的职工记录。

43. Visual FoxPro 刚开始工作时，系统默认选择为第一号工作区。

44. 索引是改变表的物理顺序，排序是排列表的逻辑顺序。

45. 可以对备注型字段进行索引。

第5章 数据库的基本操作

一、选择题

1. 参照完整性规则包括( )。
   A. 更新
   B. 更新、插入、删除
   C. 查询
   D. 插入

2. 从当前数据库中移去数据表 AB 的命令是( )。
   A. DELETE TABLE AB
   B. DROP TABLE AB
   C. REMOVE TABLE AB
   D. ERASE TABLE AB

3. 一个数据库名为 student，要想打开该数据库，应使用命令( )。
   A. OPEN student
   B. OPEN DATA student
   C. USE DATA student
   D. USE student

4. 在 Visual FoxPro 中，独立于任意数据库的表称为( )。
   A. 报表
   B. 数据库表
   C. 自由表
   D. 图表

5. 在 VisualFoxPro 中，创建一个名为 SDB. DBC 的数据库文件，使用的命令是( )。
   A. CREATE
   B. CREATE SDB
   C. CREATE TABLE SDB
   D. CREATE DATABASE SDB

6. 要使学生数据库表中不出现同名的学生记录，需要对姓名字段建立( )。
   A. 字段有效性限制
   B. 主索引或候选索引
   C. 记录有效性限制
   D. 设置触发器

二、判断题

1. 在 Visual FoxPro 中数据库文件可以打开查询文件。

2. 在 Visual FoxPro 中自由表和数据库的功能是一样的。

3. 在 Visual FoxPro 中，建立数据库表时，将年龄字段值限制在 18~60 岁之间的这种约束属于参照完整性约束。

第6章　表单设计

一、选择题

1. Visual FoxPro 既支持面向过程程序设计，又支持面向(　　)。
   A. 大众程序设计　　　B. 事实程序设计　　　C. 对象程序设计　　　D. 个体程序设计

2. 对象继承了(　　)的全部属性。
   A. 表　　　　　　　　B. 数据库　　　　　　C. 类　　　　　　　　D. 图形

3. 面向对象程序设计中程序运行的最基本实体是(　　)。
   A. 类　　　　　　　　B. 对象　　　　　　　C. 方法　　　　　　　D. 函数

4. 设某子类 Q 具有 P 属性，则(　　)。
   A. Q 的父类也必定具有 P 属性，且 Q 的 P 属性值必定与其父类的 P 属性值相同
   B. Q 的父类也必定具有 P 属性，但 Q 的 P 属性值可以与其父类的 P 属性值不同
   C. Q 的父类不具有 P 属性，否则由于继承性，Q 与其父类的 P 属性值必相同
   D. Q 的父类未必具有 P 属性，即使有，Q 与其父类的 P 属性值也未必相同

5. 下列关于类和对象的说法错误的是(　　)。
   A. 基类可以派生出子类　　　　　　　　B. 类是对象的实例
   C. 对象由属性、方法和事件构成　　　　D. 对象有可见的，也有不可见的

6. 下列关于类和对象的叙述中，错误的是(　　)。
   A. 每个对象在系统中都有唯一的对象标志
   B. 对象可以包含其他对象
   C. 一个子类能够继承其所有父类的属性和方法
   D. 一个父类能够继承其所有子类的属性和方法

7. 下列关于属性、方法和事件的叙述中，错误的(　　)。
   A. 属性用于描述对象的状态，方法用于表示对象的行为
   B. 基于同一个类产生的两个对象可以分别设置自己的属性值
   C. 事件代码也可以像方法一样被显示调用
   D. 在新建一个表单时，可以添加新的属性、方法和事件

8. 下面关于"类"的描述中，错误的是(　　)。
   A. 一个类包含相似的有关对象的特征和行为方法
   B. 类只是实例对象的抽象
   C. 类并不实行任何行为操作，它仅仅表明该怎样做
   D. 类可以按所定义的属性、事件和方法进行实际的行为操作

9. 以下说法正确的是(　　)。
   A. 对象是有特殊属性和行为方法的实体
   B. 属性是对象的特性，所有对象都有相同的属性
   C. 属性的一般格式为：对象名_ 属性名称

  D. 属性值的设置只可以在属性窗口中设置

10. Init 事件由(　　)时引发。

  A. 对象从内存中释放   B. 事件代码出现错误

  C. 对象生成   D. 方法代码出现错误

11. OptionGroup、ButtonGroup 对象的 Value 属性值类型只能是(　　)。

  A. N 和 C   B. C   C. D   D. L

12. This 是对(　　)的引用。

  A. 当前对象   B. 当前表单   C. 任意对象   D. 任意表单

13. 对象的鼠标移动事件名为(　　)。

  A. MouseUp   B. MouseMove   C. MouseDown   D. Click

14. 用户在 Visual FoxPro 中创建子类或表单时，不能新建的是(　　)。

  A. 属性   B. 方法   C. 事件   D. 事件的方法代码

15. "表单控件"工具栏用于在表单中添加(　　)。

  A. 文本   B. 命令   C. 控件   D. 复选框

16. 表单的 Name 属性是(　　)。

  A. 显示在表单标题栏中的名称   B. 运行表单程序时的程序名

  C. 保存表单时的文件名   D. 引用表单时的名称

17. 打开已有表单文件的命令是(　　)。

  A. REPLACE FORM   B. CHANGE FORM

  C. EDIT FORM   D. MODIFY FORM

18. 假定表单中包含一个命令按钮，那么在运行表单时，下面有关事件引发次序的陈述中正确的是(　　)。

  A. 先命令按钮的 Init 事件，然后表单的 Init 事件，最后表单的 Load 事件

  B. 先表单的 Init 事件，然后命令按钮的 Init 事件，最后表单的 Load 事件

  C. 先表单的 Load 事件，然后表单的 Init 事件，最后命令按钮的 Init 事件

  D. 先表单的 Load 事件，然后命令按钮的 Init 事件，最后表单的 Init 事件

19. 假定一个表单里有一个文本框 Text1 和一个命令按钮组 CommandGroup1，命令按钮组是一个容器对象，其中包含 Command1 和 Command2 两个命令按钮，如果要在 Command1 命令按钮的某个事件中访问文本框的 Value 属性值，下面哪个式子是正确的(　　)。

  A. This. ThisForm. Text1. Value   B. This. Parent. Parent. Text1. Value

  C. Parent. Parent. Text1l. Value   D. This. Parent. Text1. value"

20. 可以选择多项的控件是(　　)。

  A. 组合框   B. 列表框   C. 下拉列表框   D. 选项组

21. 控件可以分为容器类和控件类，以下(　　)属于容器类控件。

  A. 标签   B. 命令按钮   C. 复选框   D. 命令按钮组

22. 命令按钮组中有 3 个按钮 Command1、Command2、Command3，在执行了如下的代码：ThisForm. CommandGroup1. Value＝2，则(　　)。

  A. Command1 按钮被选中   B. Command2 按钮被选中

  C. Command3 按钮被选中   D. Command1、Command2 按钮被选中

23. 如果需要重新刷新表单，使用的是(　　)。

    A. Click 事件   B. Release 方法   C. Refresh 方法   D. Show 方法

24. 设计表单时，可以利用(　　)向表单中添加控件。

    A. 表单设计器工具栏   B. 布局工具栏

    C. 调色板工具栏   D. "表单控件"工具栏

25. 使用(　　)工具栏可以在表单上对齐和调整控件的位置。

    A. 调色板   B. 布局   C. 表单控件   D. 表单设计器

26. 为计时器控件的 Timer 事件确定触发间隔的属性是(　　)。

    A. Enabled   B. Caption   C. Interval   D. Value

27. 为了在文本框输入时显示占位符 *，应该设置文本框的(　　)属性。

    A. PasswordChar   B. PasswordAttr   C. Password   D. PasswordWord

28. 下面关于列表框和组合框的陈述中，正确的是(　　)。

    A. 列表框和组合框都可以设置成多重选择

    B. 列表框可以设置成多重选择，而组合框不能

    C. 组合框可以设置成多重选择，而列表框不能

    D. 列表框和组合框都不能设置成多重选择

29. 以下关于文本框和编辑框的叙述中，错误的是(　　)。

    A. 在文本框和编辑框中都可以输入和编辑各种类型的数据

    B. 在文本框中可以输入和编辑字符型、数值型、日期型和逻辑型数据

    C. 在编辑框中只能输入和编辑字符型数据

    D. 在编辑框中可以进行文本的选定、剪切、复制和粘贴等操作

30. 用 CREATE FORM TEST 命令进入"表单设计器"窗口，存盘后将会在磁盘上出现(　　)。

    A. TEST. SPR 和 TEST. SCT   B. TEST. SCX 和 TEST. SCT

    C. TEST. SPX 和 TEST. MPR   D. TEST. SCX 和 TEST. SPR

31. 用来显示控件上文字的属性是(　　)。

    A. Enabled   B. Default   C. Caption   D. Visible

32. 运行表单的命令是(　　)。

    A. RUN FORM   B. GO FORM   C. DO FORM   D. START FORM

33. 在 Visual FoxPro 常用的基类中，运行时不可视的是(　　)。

    A. 命令按钮组   B. 形状   C. 线条   D. 计时器

34. 在 Visual FoxPro 系统中，选择列表框或组合框中的选项，双击鼠标左键，此时触发(　　)事件。

    A. Click   B. DblClick   C. Init   D. KeyPress

35. 在 Visual FoxPro 中，Form 表单是指(　　)。

    A. 数据库中各个表的清单   B. 一个表中各个记录的清单

    C. 数据库查询的列表   D. 窗口界面

36. 在 Visual FoxPro 中，标签的缺省名字为(　　)。

    A. Label   B. List   C. Edit   D. Text

37. 在 Visual FoxPro 中，运行表单 T1. SCX 的命令是(　　)。

    A. DO T1   B. RUN FORM T1   C. DO FORM T1   D. DO FROM T1

38. 在 Visual FoxPro 中，组合框的 Style 属性值为 2，则该下拉框的形式为(　　)。

    A. 下拉组合框　　　　B. 下拉列表框　　　　C. 下拉文本框　　　　D. 错误设置

39. 在表单中加入一个复选框和一个文本框，编写 Check1 的 Click 事件代码如下：

ThisForm. Textl. Visible＝This. Value，则当单击复选框后，(　　)。

    A. 文本框可见　　　　　　　　　　　　B. 文本框不可见

    C. 文本框是否可见由复选框的当前值决定

    D. 文本框是否可见与复选框当前值无关

40. 在创建表单时，用(　　)控件创建的对象用于保存不希望用户改动的文本。

    A. 标签　　　　　　　B. 文件框　　　　　　C. 编辑框　　　　　　D. 组合框

41. 在列表框中使用(　　)属性判定列表项是否被选中。

    A. Checked　　　　　B. Check　　　　　　C. Value　　　　　　D. Selected

42. 在使用计时器时，若想让计时器在表单加载时就开始工作，应该设置 Enabled 属性为(　　)。

    A. . F.　　　　　　　B. . T.　　　　　　　C. . Y.　　　　　　　D. . YES.

43. 要将表 CJ. DBF 与 Grid 对象绑定，应设置 Grid 对象的两个属性的值为(　　)。

    A. RecordSourceType 属性为 Cj，RecordSource 属性为 0

    B. RecordSourceType 属性为 0，RecordSource 属性为 Cj

    C. RowSourceType 属性为 0，RowSource 属性为 Cj

    D. RowSourceType 属性为 Cj，RowSource 属性为 0

44. 在创建表单选项按钮组时，选项按钮的个数由(　　)属性决定。

    A. ButtonCount　　　B. OptionCount　　　C. ColumnCount　　　D. Value

45. Grid 默认包含的对象是(　　)。

    A. Headerv　　　　　B. TextBox　　　　　C. Column　　　　　D. EditBox

46. 单击表单上的关闭按钮(×)将会触发表单的(　　)事件。

    A. Closed　　　　　　B. Unload　　　　　　C. Release　　　　　D. Error

47. 当标签的 BackStyle 属性值为 1 时，表明其背景为(　　)。

    A. 不可调　　　　　　B. 可调　　　　　　　C. 不透明　　　　　　D. 透明

48. 当文本框的 BorderStyle 属性为固定单线时，其值应为(　　)。

    A. 1　　　　　　　　B. 0　　　　　　　　C. 2　　　　　　　　D. −1

49. 决定微调控件最大值的属性是(　　)。

    A. Keyboardhighvalue　　　　　　　　　B. Value

    C. Keyboardlowvalue　　　　　　　　　D. Interval

50. 以下能关闭表单的是(　　)。

    A. Click 事件　　　　B. Release 方法　　　C. Refresh 方法　　　D. Show 方法

51. 如果要在表单的标题中显示系统的当前日期，应在属性窗口中的 Caption 属性中输入(　　)。

    A. ＝date( )　　　　　B. ＝time( )　　　　　C. date( )　　　　　D. datetime( )

52. 能使计时器停止计时的属性是(　　)。

    A. Release　　　　　　B. Visible　　　　　　C. Enabled　　　　　D. Value

53. 与文本框的背景色有关的属性是(　　)。

    A. Backcolor　　　　　B. Forecolor　　　　　C. RGB　　　　　　D. FontSize

54. 建立表单的命令是(   )。

    A. CREATE FORM   B. START FORM

    C. NEW FORM   D. BEGIN FORM

55. 要创建一个顶层表单，应将表单的 ShowWindow 属性设置为(   )。

    A. 0   B. 1   C. 2   D. 3

56. 在表单控件中，标签的缺省名字为(   )。

    A. List   B. Label   C. Edit   D. Text

57. Visual FoxPro 中，命令按钮中显示的文字内容，是在(   )属性中设置的。

    A. Name   B. Caption   C. FontName   D. ControlSource

58. 将"复选框"控件的 Enabled 属性设置为(   )时，复选框显示为灰色。

    A. 0   B. 1   C. .T.   D. .F.

59. 在设计界面时，为提供多选功能，通常使用的控件是(   )。

    A. 选项按钮组   B. 一组复选框   C. 编辑框   D. 命令按钮组

60. 如果要改变表单的标题需要设置表单对象的(   )属性。

    A. Name   B. Caption   C. BackColor   D. BorderStyle

二、判断题

1. 表单就是一个容器，它可以容纳多个控件。

2. 表单一旦运行，就可以根据需要按表单提供的功能进行各种操作。

3. 层表单就是父表单。

4. 复选框的 Value 值为 0 时，表示复选框未被选中。

5. 工具栏实质是一个表单。

6. 列表框中的 RowSourceType(数据类型)和 RowSource(数据源)属性须成对使用。

7. 命令按钮控件主要用来控制程序的执行过程，以及对表中数据的操作。

8. 容器可以放置对象，但容器本身不是对象。

9. 用"表单控件"工具栏在表单上自下而上创建了 3 个文本框，则 3 个文本框的名字依次为：
   Label1、Label2、Label3。

10. 在"数据环境设计器"中，可以移去其中的表。

11. 在表单控件"属性"窗口中，属性值编辑框中只能直接输入具体数值。

12. 执行"MODI FORM <表单文件名>"命令，可打开"表单设计器"，新建一个表单。

13. 表单中对象的访问是通过其 Caption 属性进行的。

14. 表单中的标签控件使用方法与文本框控件完全相同。

15. 表单运行时，Timer 控件不显示。

16. 用当前窗体的 LABEL1 控件显示系统时间的语句是

THISFORM. LABEL1. CAPTION = TIME( )

17. 用户在表单的文本框中每键入一个字符就会发生一次 Click 事件。

18. 标签可以和字段名绑定，以显示字段名称。

三、窗体设计

1. 设计如图所示表单。

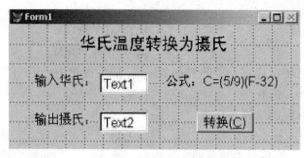

图 1　编辑状态

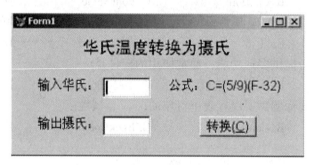

图 2　运行状态

要求：

（1）设置表单名称为"Form1"，标题为"Form1"。

（2）在窗体内添加 4 个 Label 控件，名称分别为：Label1、Label2、Label3、Label4，添加 2 个 TextBox 控件，名称分别为：Text1、Text2。添加 1 个 CommandButton 控件，名称为：Command1。

（3）设置 Label1 的标签标题为"华氏温度转换为摄氏"，字体为：黑体、16 号字。

设置 Label2 的标签标题为"输入华氏："，字体为：宋体、12 号字。

设置 Label3 的标签标题为"输出摄氏："，字体为：宋体、12 号字。

设置 Label4 的标签标题为"公式：C＝(5/9)(F-32)"，字体为：宋体、12 号字。

2. 设计如图所示表单。

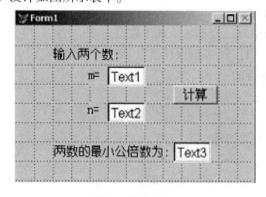

图 1　编辑状态

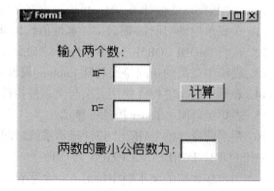

图 2　运行状态

要求：

（1）设置表单名称为"Form1"，标题为"Form1"。

（2）在窗体内添加 4 个 Label 控件，名称分别为：Label1、Label2、Label3、Label4。

添加 3 个 TextBox 控件，名称分别为：Text1、Text2、Text3。

添加 1 个 CommandButton 控件，名称为：Command1，Caption 属性为"计算"。

（3）设置 Label1 的标签标题为"输入两个数："，字体为：幼圆、12 号字。

设置 Label2 的标签标题为"m＝"，字体为：宋体、12 号字。

设置 Label3 的标签标题为"n＝"，字体为：宋体、12 号字。

设置 Label4 的标签标题为"两数的最小公倍数为："，字体为：宋体、12 号字。

3. 设计如图所示表单。

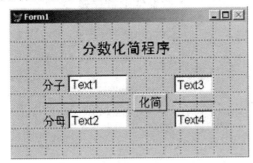
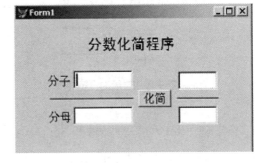

图 1　编辑状态　　　　　　　　　　　　图 2　运行状态

要求：

（1）设置表单名称为"Form1"，标题为"Form1"。

（2）在窗体内添加 3 个 Label 控件，名称分别为：Label1、Label2、Label3。

添加 4 个 TextBox 控件，名称分别为：Text1、Text2、Text3、Text4。

添加 1 个 CommandButton 控件，名称为：Command1，Caption 属性为"化简"。

添加 2 个 Line 控件，名称为：Line1，Line2。

（3）设置 Label1 的标签内容为"分数化简程序"，字体为：黑体、16 号字。

设置 Label2 的标签内容为"分子"，字体为：宋体、12 号字。

设置 Label3 的标签内容为"分母"，字体为：宋体、12 号字。

4. 设计如图所示表单。

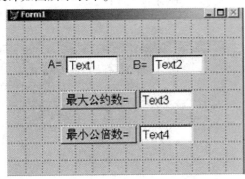
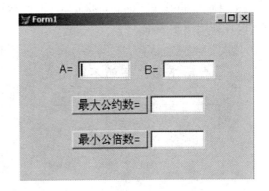

图 1　编辑状态　　　　　　　　　　　　图 2　运行状态

要求：

（1）设置表单名称为"Form1"，标题为"Form1"。

（2）在窗体内添加 2 个 Label 控件，名称分别为：Label2、Label3。

　　　　添加 4 个 TextBox 控件，名称分别为：Text1、Text2、Text3、Text4。

　　　　添加 2 个 CommandButton 控件，名称为：Command1、Command2。

（3）设置 Label2 的标签标题为"A ="，字体为：宋体、12 号字。

　　　　设置 Label3 的标签标题为"B ="，字体为：宋体、12 号字。

（4）Command1 和 Command2 的 Caption 属性分别设为"最大公约数 ="，"最小公倍数 ="。

5. 设计如图所示表单。

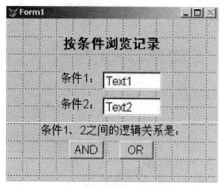 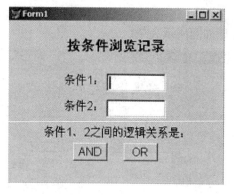

图 1　编辑状态　　　　　　　　　图 2　运行状态

要求：

（1）设置表单名称为"Form1"，标题为"Form1"。

（2）在窗体内添加 4 个 Label 控件，名称分别为：Label1、Label2、Label3、Label4。

　　　　添加 2 个 TextBox 控件，名称分别为：Text1、Text2。

　　　　添加 2 个 CommandButton 控件，名称为：Command1、Command2。

（3）设置 Label1 的标签标题为"按条件浏览记录"，字体为：黑体、14 号字。

　　　　设置 Label2 的标签标题为"条件 1:"，字体为：宋体、12 号字。

　　　　设置 Label3 的标签标题为"条件 2:"，字体为：宋体、12 号字。

　　　　设置 Label4 的标签标题为"条件 1、2 之间的逻辑关系是:"，字体为：宋体、12 号字。

（4）Command1 和 Command2 的 Caption 属性分别设为"AND"，"OR"。

6. 设计如图所示表单。

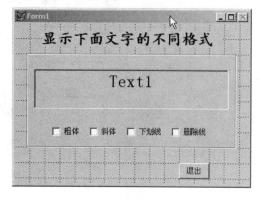 

图 1　编辑状态　　　　　　　　　图 2　运行状态

要求：

（1）设置表单名称为"Form1"，标题为"Form1"。

（2）设置文本框控件的显示内容为"Text1"，当前值为"文字可以设置不同的格式"，字号为 20 号字。

（3）设置形状控件的名称为"Shape1"，效果为 3 维格式。

（4）设置复选框控件名字为"check1"、"check2"、"check3"、"check4"。

设置"check1"控件的标题为"粗体"。

设置"check2"控件的标题为"斜体"。

设置"check3"控件的标题为"下划线"。

设置"check4"控件的标题为"删除线"。

（5）设置标签控件的名称为"Label1"，标题为"显示下面文字的不同格式"，字体为"楷体"、"粗体"、18 号字。

（6）设置命令按钮名称为"command1"，标题为"退出"。

7. 设计如图所示表单。

图 1　编辑状态　　　　　　　　　　　图 2　运行状态

要求：

（1）设置表单名称为"Form1"，标题为"星期与日期、时间"。

（2）设置页框控件的名称为"Pageframe1"，它包含三个页对象"Page1"、"Page2"、"Page3"。

设置页对象"Page1"的标题为"星期"，包含两个控件"Shape1"、"Text1"。

设置页对象"Page2"的标题为"日期"，包含两个控件"Shape2"、"Text2"。

设置页对象"Page3"的标题为"时间"，包含三个控件"Shape3"、"Text3"、"Timer1"。

（3）设置三个形状控件"Shape1"、"Shape2"、"Shape3"的效果为"三维"。

（4）设置三个文本框控件"Text1"、"Text2"、"Text3"的字体为 28 号字。

（5）设置计时器的时间间隔为 1000 毫秒。

8. 设计如图所示表单。

设置：

（1）设置表单名称为"Form1"，标题为"计算机考试"。

（2）设置标签(Label1)的标题为"学生"。

（3）设置列表框的名称为"List1"。

（4）设置选项按钮组的名称为"Optiongroup1"。

设置选项按钮组中的按钮（Option1）的标题为"正常"。

设置选项按钮组中的按钮（Option2）的标题为"迟到"。

设置选项按钮组中的按钮（Option3）的标题为"早退"。

设置选项按钮组中的按钮（Option4）的标题为"旷课"。

（5）设置命令按钮（Command1）的标题为"退出"。

要求：

（1）表单标题为"计算机考试"。

（2）表单内所需控件如图中所示，列表框中有4个可选择项："王峰"、"李宏峰"、"刘洪"和"张凯"，列表框要有"移动按钮"。

（3）选项组有4个单选按钮。

（4）"退出"按钮要有关闭表单的功能。

（5）表单整体效果美观，比例合适。

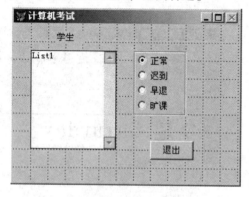

图1   编辑状态

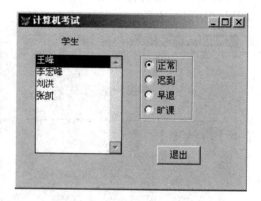

图2   运行状态

第7章 SQL语言的应用

一、选择题

1. SQL-INSERT 命令的功能是(　　)。
   A. 在表头插入一条记录
   B. 在表尾插入一条记录
   C. 在表中任意位置插入一条记录
   D. 在表中插入任意条记录

2. SQL 查询语句中,用于实现关系的投影运算的短语是(　　)。
   A. WHERE
   B. FROM
   C. SELECT
   D. GROUP BY

3. SQL 命令中用于插入数据的命令是(　　)。
   A. INSERT
   B. APPEND
   C. INSERT BEFORE
   D. INSERT INTO

4. Visual FoxPro 系统中的查询文件是指一个包含一条 SELECT-SQL 命令的程序文件,文件的扩展名为(　　)。
   A. PRG
   B. QPR
   C. SCX
   D. TXT

5. 查询学生表中学号(字符型,长度为2)末尾字符是"1"的错误命令是(　　)。
   A. SELECT * FROM 学生 WHERE "1" $ 学号
   B. SELECT * FROM 学生 WHERE RIGHT(学号,1) = "1"
   C. SELECT * FROM 学生 WHERE SUBSTR(学号,2) = "1"
   D. SELECT * FROM 学生 WHERE SUBSTR(学号,2,1) = "1"

6. 创建 SQL 查询时,GROUP BY 子句的作用是确定(　　)。
   A. 查询目标
   B. 分组条件
   C. 查询条件
   D. 查询视图

7. 给所有女职工提高20%工资,应使用 SQL 语句(　　)。
   A. UPDATE gz SET 工资=工资 * 1.20 WHERE 性别="男"
   B. UPDATE gz SET 工资=工资 * 0.20 WHERE 性别="女"
   C. UPDATE gz SET 工资=工资 * 1.20 WHERE 性别="女"
   D. UPDATE gz SET 工资=工资 * 0.20 WHERE 性别="男"

8. 检索 STUDENT 表中成绩大于90分的学号,正确的命令是(　　)。
   A. SELECT 学号 WHERE 成绩>90
   B. SELECT 学号 FROM STUDENT SET 成绩>90
   C. SELECT 学号 FROM STUDENT WHERE 成绩>90
   D. SELECT 学号 FROM STUDENT FOR 成绩>90

9. 建立 STUDENT 表的结构:学号(C/4),姓名(C/8),课程名(C/20),成绩(N/3),使用的 SQL 语句是(　　)。
   A. NEW DBF STUDENT(学号 C(4),姓名 C(8),课程名 C(20),成绩 N(3,0))
   B. CREATE DBF STUDENT(学号 C(4),姓名 C(8),课程名 C(20),成绩 N(3,0))
   C. CREATE STUDENT(学号,姓名,课程名,成绩) WITH (C(4),C(8),C(20),N(3,0))

D. ALTER DBF STUDENT(学号 C(4), 姓名 C(8), 课程名 C(20), 成绩 N(3, 0))

10. 将"学生"表中班级字段的宽度由原来的 8 改为 12, 正确的命令是(　　)。

　　A. ALTER TABLE 学生 ALTER 班级 C(12)

　　B. ALTER TABLE 学生 ALTER FIELDS 班级 C(12)

　　C. ALTER TABLE 学生 ADD 班级 C(12)

　　D. ALTER TABLE 学生 ADD FIELDS 班级 C(12)

11. 将 STUDENT 表中定义的成绩字段默认值置为 0, 正确的命令是(　　)。

　　A. ALTER TABLE 成绩 ALTER 成绩 DEFAULT 成绩=0

　　B. ALTER TABLE 成绩 ALTER 成绩 DEFAULT 0

　　C. ALTER TABLE 成绩 ALTER 成绩 SET DEFAULT 成绩=0

　　D. ALTER TABLE 成绩 ALTER 成绩 SET DEFAULT 0

12. 将 STUDENT 表中所有学生年龄 AGE 字段值增加 1 岁, 应使用命令(　　)。

　　A. REPLACE AGE WITH AGE+1　　　　B. UPDATE STUDENT AGE WITH AGE+1

　　C. UPDATE SET AGE WITH AGE+1　　　D. UPDATE STUDENT SET AGE=AGE+1

13. 将查询结果存入永久表的 SQL 短语是(　　)。

　　A. TO TABLE　　　　　　　　　　　B. INTO ARRAY

　　C. INTO CURSOR　　　　　　　　　　D. INTO DBF | TABLE

14. 若用如下的 SQL 语句创建一个 student 表:

CREATE TABLE student(NO C(4) NOT NULL, NAME C(8) NOT NULL, SEX C(2), AGE N(2))可以插入到 student 表中的是(　　)。

　　A. ('1031', '曾华', 男, 23)　　　　　B. ('1031', '曾华', NULL, NULL)

　　C. (NULL, '华', '男', '23')　　　　　　D. ('1031', NULL, '男', 23)

15. 删除学生表中没有写入成绩的记录, 应使用的命令是(　　)。

　　A. DELETE FROM 学生 WHERE 成绩=NULL

　　B. DELETE FROM 学生 WHERE 成绩 IS NULL

　　C. DELETE FROM 学生 WHERE 成绩=! NULL

　　D. DELETE FROM 学生 WHERE 成绩 IS NOT NULL

16. 为教师表的职工号字段添加有效性规则: 职工号最左边三位字符是"110", 正确的 SQL 语句是(　　)。

　　A. CHANGE TABLE 教师 ALTER 职工号 SET CHECK LEFT (职工号, 3)= "110"

　　B. ALTER TABLE 教师 ALTER 职工号 SET CHECK LEFT(职工号, 3)= "110"

　　C. ALTER TABLE 教师 ALTER 职工号 CHECK LEFT(职工号, 3)= "110"

　　D. CHANGE TABLE 教师 ALTER 职工号 SET CHECK OCCURS(职工号, 3)= "110"

17. 以下短语中, 与排序无关的是(　　)。

　　A. GROUP BY　　　B. ORDER BY　　　C. ASC　　　D. DESC

18. 在 SCORE 表中, 按成绩升序排列存入 NEW 表中, 应使用的 SQL 语句是(　　)。

　　A. SELECT * FROM SCORE ORDER BY 成绩

　　B. SELECT * FROM SCORE ORDER BY 成绩 INTO CURSOR NEW

　　C. SELECT * FROM SCORE ORDER BY 成绩 INTO TABLE NEW

　　D. SELECT * FROM SCORE ORDER BY 成绩 TO NEW

19. 在 SQL 的计算查询中，用于统计的函数是(   )。

  A. COUNT( )   B. COUNT   C. AVG( )   D. SUM( )

20. 在 SQL 的数据定义功能中，下列命令格式可以用来修改表中字段名的是(   )。

  A. CREATE TABLE 数据表名 NAME ...

  B. ALTER TABLE 数据表名 ALTER 字段名 ...

  C. ALTER TABLE 数据表名 RENAME COLUMN 字段名 TO ...

  D. ALTER TABLE 数据表名 ALTER 字段名 SET DEFAULT ...

21. 在 SQL 语句中，与表达式"成绩 BETWEEN 80 AND 90"功能相同的表达式是(   )。

  A. 成绩<=80 AND 成绩>=90   B. 成绩<=90 AND 成绩>=80

  C. 成绩<=80 OR 成绩>=90   D. 成绩<=90 OR 成绩>=80

22. 在 SQL 语句中，与表达式"学号 NOT IN ('10102', '10105')"功能相同的表达式是(   )。

  A. 学号='10102' AND 学号='10105' B. 学号='10102' OR 学号='10105'

  C. 学号<>'10102' OR 学号<>'10105' D. 学号!='10102' AND 学号!='10105'

23. 在 STUDENT 表中添加一个"电话"字段(C 型，宽度为 11)，可采用的 SQL 语句是(   )。

  A. ALTER TABLE STUDENT INSERT 电话 C(11)

  B. ALTER TABLE STUDENT APPEND 电话 C(11)

  C. ALTER TABLE STUDENT ADD 电话 C(11)

  D. ALTER TABLE STUDENT ADD 电话(C, 11)

24. 在成绩表中要求按"总分"降序排列，并查询前 3 名学生的记录，正确的命令是(   )。

  A. SELECT * TOP 3 FROM 成绩 WHERE 总分 DESC

  B. SELECT * TOP 3 FROM 成绩 FOR 总分 DESC

  C. SELECT * TOP 3 FROM 成绩 GROUP BY 总分 DESC

  D. SELECT * TOP 3 FROM 成绩 ORDER BY 总分 DESC

25. 在学生表中查询所有学生的姓名，应使用命令(   )。

  A. SELECT 学生 FROM 姓名   B. SELECT 姓名 FROM 学生

  C. SELECT 姓名   D. SELECT 学生 WHERE 姓名

26. 在 SQL-SELECT 语句中，子句 ORDER BY 中的 DESC 表示(   )，省略 DESC 表示(   )。

  A. 升序，降序 B. 降序，降序 C. 升序，升序 D. 降序，升序

27. 查询 RS.DBF 表中已婚教师的姓名信息的 SQL 语句是(   )。

  A. SELECT 姓名 FROM RS WHERE 婚否=.T.

  B. BROWSE 姓名 FROM RS WHERE 婚否=.T.

  C. SELECT 姓名 FROM RS FOR 婚否=.T.

  D. BROWSE 姓名 USE RS FOR 婚否=.T.

28. 现要从 SC 表中查找缺少学习成绩(G)的学生学号(S#)和课程号(C#)，正确的 SQL 是(   )。

  A. SELECT S#, C# FROM SC WHERE G=0

  B. SELECT S#, C# FROM SC WHERE G<=0

    C. SELECT S#, C# FROM SC WHERE G＝NULL

    D. SELECT S#, C# FROM SC WHERE G IS NULL

29. 删除 STUDENT 表的"平均成绩"字段的正确 SQL 命令是(　　)。

    A. DELETE TABLE STUDENT DELETE COLUMN 平均成绩

    B. ALTER TABLE STUDENT DELETE COLUMN 平均成绩

    C. ALTER TABLE STUDENT DROP COLUMN 平均成绩

    D. DELETE TABLE STUDENT DROP COLUMN 平均成绩

二、判断题

1. SQL 语句 SELECT 格式中，DISTINCT 表示选出的记录不包括重复记录。

2. SQL 语句中，ORDER BY 是代表分组的意思。

3. SQL 中的查询命令的基本用法是：SELECT-FROM-WHERE。

第8章 查询与视图设计

一、选择题

1. 必须存放于数据库中的是(　　)。
   A. 表　　　　　　　　B. 索引　　　　　　　C. 视图　　　　　　　D. 查询

2. 删除视图 myview 的命令是(　　)。
   A. DELETE myview VIEW　　　　　　　B. DELETE myview
   C. DROP　myview VIEW　　　　　　　　D. DROP VIEW myview

3. 视图不能单独存在，它必须依赖于(　　)而存在。
   A. 视图　　　　　　　B. 数据库　　　　　　C. 自由表　　　　　　D. 查询

4. 以下关于"视图"的描述正确的是(　　)。
   A. 视图保存在项目文件中　　　　　　B. 视图保存在数据库中
   C. 视图保存在表文件中　　　　　　　D. 视图保存在视图文件中

二、判断题

1. 查询保存的是查询结果。
2. 运行查询文件的命令是 DO 查询文件名。
3. 视图可以独立于数据库而存在。
4. 查询去向不可以是临时表。

第9章 菜单与报表设计

一、选择题

1. 在 Visual FoxPro 中，要运行菜单文件 menul. mpr，可使用命令(　　)。
   A. DO menul
   B. DO menul. mpr
   C. DO MENU menul
   D. RUN menul

2. 若菜单项的名称为"统计"，热键是 T，则在菜单名称一栏中应输入(　　)。
   A. 统计(\<T)　　　B. 统计(Ctrl+T)　　　C. 统计(Alt+T)　　　D. 统计(T)

3. 若在菜单中制作一个分割线，则应(　　)。
   A. 在输入菜单名称时输入"----------"
   B. 在输入菜单名称时输入"-"
   C. 在输入菜单名称时输入"&"
   D. 在输入菜单名称时输入"\-"

4. 设计菜单要完成的最终操作是(　　)。
   A. 创建主菜单及子菜单
   B. 指定各菜单任务
   C. 浏览菜单
   D. 生成菜单程序

5. 在 Visual FoxPro 中，CD. MNX 是一个(　　)。
   A. 标签文件　　　B. 菜单文件
   C. 项目文件　　　D. 报表文件

6. 恢复系统默认菜单的命令是(　　)。
   A. SET MENU TO DEFAULT
   B. SET SYSMENU TO DEFAULT
   C. SET SYSTEM MENU TO DEFAULT
   D. SET SYSTEM TO DEFAULT

7. 打开报表设计器修改已有的报表文件的命令是(　　)。
   A. CREATE REPORT <报表文件名>
   B. MODIFY REPORT <报表文件名>
   C. CREATE <报表文件名>
   D. MODIFY <报表文件名>

8. 在 Visual FoxPro 中，报表的数据来源有(　　)。
   A. 数据库或自由表
   B. 视图
   C. 查询
   D. 以上三者都正确

二、判断题

1. 菜单的任务就是当选择一个菜单项时所产生的动作。
2. 在 VFP 中，用菜单生成器可以设计一个菜单系统，并可生成扩展名为 SPR 菜单程序。
3. 在键入调用菜单程序的文件名时，扩展名 MPR 不能少。

第三部分 »

Visual FoxPro程序设计
习题解答

第1章 数据库系统基础知识

一、选择题

1. B	2. C	3. D	4. B	5. B	6. C
7. C	8. B	9. D	10. A	11. B	12. A

二、判断题

1. 对	2. 错	3. 对	4. 错	5. 对	6. 错
7. 对	8. 错	9. 错	10. 错	11. 错	12. 错

第2章 Visual FoxPro 的数据及其运算

一、选择题

1. B	2. C	3. C	4. C	5. B	6. D
7. C	8. C	9. C	10. C	11. C	12. B
13. C	14. D	15. C	16. B	17. A	18. D
19. B	20. A	21. C	22. B	23. A	24. A
25. B	26. D	27. C	28. B	29. C	30. C
31. B	32. A	33. B	34. D	35. B	36. A
37. D	38. D	39. D	40. D	41. C	42. A
43. C	44. D	45. C	46. D	47. B	48. A

二、判断题

1. 对	2. 对	3. 对	4. 错	5. 错	6. 错
7. 错	8. 对	9. 错	10. 错	11. 错	12. 错
13. 错	14. 对	15. 错	16. 错	17. 对	18. 错
19. 错	20. 对	21. 错	22. 错	23. 对	24. 错
25. 错	26. 错	27. 错	28. 错	29. 错	30. 错
31. 错					

第3章　结构化程序设计

一、选择题

1. D	2. A	3. D	4. D	5. B	6. D
7. D	8. B	9. A	10. C	11. B	12. D
13. D	14. A	15. C	16. D	17. A	18. A
19. C	20. A	21. B	22. A	23. B	24. B
25. C	26. B	27. B			

三、程序填空题

1.【1】B 　　　　　　　　【2】A 　　　　　　　　【3】A－B
2.【1】MOD(X，2)＝0 　　【2】EXIT 　　　　　　　【3】ENDDO
3.【1】2＊P1 　　　　　　　【2】N+1 　　　　　　　　【3】＊
4.【1】EOF() 　　　　　　　【2】SKIP 　　　　　　　　【3】GO NN
5.【1】0 　　　　　　　　　【2】N<>0 　　　　　　　　【3】ENDDO
6.【1】SS 　　　　　　　　　【2】OR 　　　　　　　　　【3】SUBS(SS，I，1)
7.【1】ACCEPT 　　　　　　【2】LEN(SS) 　　　　　　　【3】SUBS(SS，J，1)
8.【1】??"＊" 　　　　　　　【2】J＝J+1 　　　　　　　　【3】I＝I+1
9.【1】STEP 2 　　　　　　　【2】I 　　　　　　　　　　【3】ΓI/T
10.【1】1 　　　　　　　　　【2】9 　　　　　　　　　　【3】3848

四、程序改错题

1.【1】N＝1 　　　　　　　　【2】S＝S+N 　　　　　　　　【3】ENDDO
2.【1】DO WHILE I<10 　　　【2】IF MOD(N，3)＝0
3.【1】DO WHILE I<100 　　　【2】LOOP
4.【1】T＝0 　　　　　　　　【2】DO WHILE I<＝10 　　　　【3】! ＝
5.【1】Y＝0 　　　　　　　　【2】DO WHILE .T. 　　　　　　【3】? Y
6.【1】STORE 0 TO S，P 　　　【2】P＝P+I 　　　　　　　　　【3】?"S＝"，S
7.【1】FOR N＝2 TO LEN(A) STEP 2
8.【1】A＝SUBS(C1，I，1) 　　【2】C2＝C2+A+STR(I，1)
9.【1】COPY TO XS1 　　　　【2】LOCATE ALL FOR 入学成绩>＝550
10.【1】LOCATE FOR 姓名＝"张".OR. 姓＝"王".OR. 姓名＝"李" 【2】CONTINUE

五、程序设计题

1. 程序代码如下：

```
OUT ＝INT(A/10)＊100+A%10+INT(B/10)＊10+B%10＊1000
? OUT
```

2. 程序代码如下：

```
I = 10
S = 0
DO WHILE I <= 50
        IF I%7 = 0
                ? I
                S = S+I
        ENDIF
        I = I+1
ENDDO
OUT = S
```

3. 程序代码如下：

```
OUT = 0
M = 1
I = 0
DO WHILE M <= 5
    OUT = OUT+((-1)^(M+1))/(M*M)
    M = M+1
ENDDO
? OUT
```

4. 程序代码如下：

```
S = 0
N = 0
DO WHILE S <= 1000
    N = N+1
    S = S+N*N
ENDDO
OUT = N-1
? OUT
```

5. 程序代码如下：

```
S = 0
DO WHILE W>0
    S = S+(W%10)*(W%10)
    W = INT(W/10)
ENDDO
IF S%5 = 0
    OUT = 1
ELSE
    OUT = 0
ENDIF
```

```
? OUT
```

6. 程序代码如下：

```
OUT = 0
T = 0
D = 3
FOR I = 1 TO 5
        T = T+D
        OUT = OUT+1/T
        D = D * 10
NEXT
? OUT
```

7. 程序代码如下：

```
F1 = 1
F2 = 2
OUT = 0
FOR I = 1 TO 20
    OUT = OUT+F2/F1
    F3 = F1+F2
    F1 = F2
    F2 = F3
NEXT
? OUT
```

8. 程序代码如下：

```
MIN = 32767
FOR I = 1 TO 10
    IF ARRAY(I)%2 = 0 AND MIN>ARRAY(I)
        MIN = ARRAY(I)
    ENDIF
ENDF
OUT = MIN
? OUT
```

9. 程序代码如下：

```
N = LEN(STR)
K = 0
FOR I = 1 TO N
    IF SUBSTR(STR,I,1)<='Z' AND SUBSTR(STR,I,1)>='A' OR;
                SUBSTR(STR,I,1)<='z' and SUBSTR(STR,I,1)>='a'
        K = K+1
        OUT = OUT+SUBSTR(STR,I,1)
    ENDIF
```

```
ENDFOR
? OUT,K
```

10. 程序代码如下：

```
OUT=""
FOR I=1 TO LEN(STR)-1
    OUT=OUT+SUBS(STR,I,1)+"*"
ENDF
OUT=OUT+SUBS(STR,I,1)
? OUT
```

第4章   表的基本操作

一、选择题

1. D	2. B	3. A	4. C	5. B	6. B
7. D	8. B	9. B	10. B	11. C	12. D
13. A	14. B	15. C	16. C	17. B	18. C
19. C	20. D	21. B	22. C	23. B	24. C
25. D	26. C	27. C	28. D	29. B	30. D
31. C	32. B				

二、判断题

1. 对	2. 错	3. 错	4. 对	5. 错	6. 对
7. 对	8. 错	9. 对	10. 对	11. 错	12. 错
13. 对	14. 对	15. 错	16. 对	17. 对	18. 错
19. 对	20. 对	21. 对	22. 对	23. 对	24. 对
25. 错	26. 对	27. 错	28. 错	29. 对	30. 错
31. 错	32. 对	33. 错	34. 错	35. 错	36. 错
37. 错	38. 错	39. 错	40. 错	41. 错	42. 对
43. 对	44. 错	45. 错			

第5章   数据库的基本操作

一、选择题

1. B	2. C	3. B	4. C	5. D	6. B

二、判断题

1. 错   2. 错   3. 错

第6章 表单设计

一、选择题

1. C	2. C	3. B	4. D	5. C	6. D
7. D	8. D	9. A	10. C	11. A	12. A
13. B	14. C	15. C	16. D	17. D	18. D
19. B	20. B	21. D	22. B	23. C	24. D
25. B	26. C	27. A	28. B	29. A	30. B
31. C	32. C	33. D	34. B	35. D	36. A
37. C	38. B	39. C	40. A	41. D	42. B
43. B	44. A	45. B	46. B	47. C	48. A
49. A	50. B	51. A	52. C	53. A	54. A
55. B	56. B	57. B	58. D	59. B	60. B

二、判断题

1. 对	2. 对	3. 错	4. 对	5. 对	6. 对
7. 对	8. 错	9. 错	10. 对	11. 错	12. 对
13. 错	14. 错	15. 对	16. 对	17. 错	18. 错

第7章 SQL 语言的应用

一、选择题

1. B	2. C	3. D	4. B	5. A	6. B
7. C	8. C	9. B	10. A	11. D	12. D
13. D	14. B	15. B	16. B	17. A	18. C
19. A	20. C	21. B	22. D	23. C	24. D
25. B	26. D	27. A	28. D	29. C	

二、判断题

1. 对   2. 错   3. 对

第8章　查询与视图设计

一、选择题

   1. C　　　　2. D　　　　3. B　　　　4. B

二、判断题

   1. 错　　　　2. 错　　　　3. 错　　　　4. 错

第9章　菜单与报表设计

一、选择题

   1. B　　　2. A　　　3. D　　　4. D　　　5. B　　　6. B

   7. B　　　8. D

二、判断题

   1. 对　　　　2. 错　　　　3. 对

第四部分 »

计算机综合应用实验指导

实验 1　建立"学生成绩管理系统"项目、数据库和表

一、实验目的

1. 熟悉 VFP 程序的运行环境；
2. 熟悉 Visual FoxPro 项目管理器的使用；
3. 掌握数据表结构的建立，数据表记录的输入、修改、显示和删除等命令操作；
4. 掌握字段级、记录级有效性规则和参照完整性的建立等有关数据库操作的方法。

二、实验内容

1. VFP 6.0 的启动和退出，设置默认路径；
2. 利用项目管理器建立"学生成绩管理系统"项目；
3. 建立数据库"学生成绩管理"；
4. 创建数据库表：用户表(yh.dbf)、学生表(xs.dbf)、课程表(kc.dbf)、成绩表(cj.dbf)；
5. 根据需要，建立数据库表之间的关系，设置参照完整性。

三、实验步骤

1. VFP 6.0 的启动和退出，设置默认路径

首先，在 E 盘新建文件夹"学生成绩管理"。然后单击"开始"菜单，在"所有程序"中，找到"Microsoft Visual FoxPro 6.0"打开 VFP 程序，则进入 VFP 的界面。接下来在"命令窗口"设置路径，输入：set default to E:\学生成绩管理，并且回车。

2. 利用项目管理器建立"学生成绩管理系统"项目

打开"文件"菜单，选择"新建"，弹出"新建"对话框，如图 1-1 所示，选择"项目"，单击"新建文件"按钮，给文件命名为"学生成绩管理系统"，并保存在之前建立的"学生成绩管理"文件夹中，如图 1-2 所示。

3. 建立数据库"学生成绩管理"

建立数据库有两种方法：使用数据库设计器和使用建立数据库的命令。数据库可以在项目文件中建立，也可以先建立数据库，再添加到项目文件中。

（1）使用数据库设计器：

① 打开"项目管理器-学生成绩管理系统"对话框，选择"数据"选项卡中的"数据库"选项。

② 单击"新建"按钮，打开"新建数据库"对话框，如图 1-3 所示。在此提供了"数据库向导"和"新建数据库"两种创建方式。如果单击了"数据库向导"按钮，打开数据库向导对话框，按照向导的提示，从系统提供的实例数据库中选择需要的数据库文件、表文件等，并根

据需求修改相关设置，创建数据库。在此不选用这种方法。如果对数据库的建立形式不是很明白，则可以通过向导的帮助来完成创建过程。

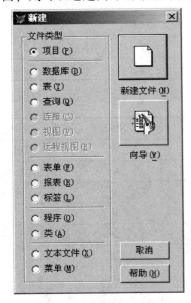

图 1-1 "新建"对话框

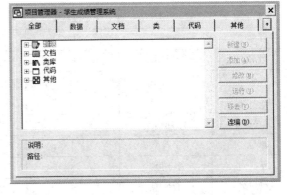

图 1-2 "学生成绩管理系统"项目管理器

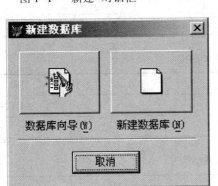

图 1-3 "新建数据库"对话框

图 1-4 "保存"数据库对话框

③ 单击"新建数据库"按钮，打开"创建"对话框，在"保存类型"下拉列表中系统默认选择"数据库（*.dbc）"。选择保存位置，在"数据库名"文本框中输入数据库文件的名称"学生成绩管理.dbc"（系统默认为"数据库1.dbc"），如图1-4所示。

④ 单击"保存"按钮，打开"数据库设计器——学生成绩管理"窗口。此时，"学生成绩管理.dbc"数据库文件建立完毕，与此相关的库索引文件"学生成绩管理.dcx"和备注文件"学生成绩管理.dct"也一同自动生成。

（2）使用建立数据库的命令：

在"命令"窗口中输入如下的命令，创建数据库"学生成绩管理"。

CREATE DATABASE 学生成绩管理

接下来的操作步骤同在项目管理器中创建数据库的方法。

4. 创建数据库表

根据系统需求，系统中共需要4个数据库表：用户表（yh.dbf）、学生表（xs.dbf）、课程表（kc. dbf）、成绩表（cj. dbf）。设计每个数据库表的结构如表 1-1 至表 1-4 所示。

表 1-1　　yh. dbf 的表结构

字段名	数据类型	宽度	NULL	说明
用户名	字符型	20	否	主索引
密码	字符型	20	否	

表 1-2　　xs. dbf 的表结构

字段名	字段类型	字段宽度	小数位数	NULL	说明
学号	字符型	12		否	主索引
姓名	字符型	10		是	
性别	字符型	2		是	
出生日期	日期型	8		是	
党员否	逻辑型	1		是	
班号	字符型	3		是	
入学时间	日期型	8		是	
入学成绩	数值型	5	1	是	
简历	备注型	4		是	
照片	通用型	4		是	

表 1-3　　kc. dbf 的表结构

字段名	字段类型	字段宽度	小数位数	说明
课程号	字符型	4		主索引
课程名称	字符型	20		

表 1-4　　cj. dbf 的表结构

字段名	字段类型	字段宽度	小数位数	说明
学号	字符型	12		普通索引
学年	字符型	4		
学期	字符型	1		
课程号	字符型	4		普通索引
成绩	数值型	3	0	

以 xs. dbf 为例，建立数据库表，步骤如下：

（1）在"学生成绩管理"数据库中选择"表"，点击"新建"按钮，则弹出图 1-5 对话框，单击"新建表"按钮，打开"创建"对话框，在"保存类型"下拉列表中系统默认选择"表/DBF（﹡. dbf）"。选择保存位置，在"输入表名"文本框中输入表文件的名称"xs. dbf"（默认文件名为"表 1"），点击"保存"按钮，弹出"表设计器"对话框，如图 1-6 所示。

（2）在"字段"选项卡中，首先需要在"字段名"文本框中输入字段名称，例如输入"学号"，然后字段的类型和宽度就可以设置了。可以为该字段选择适合的数据类型，系统默认的是字符型。根据字段的类型为其设置宽度，如图 1-7 所示。对于一些数据类型，如日期型、逻辑型、备注型和通用型等，不用设置数据宽度，它们有默认的数据宽度。

（3）根据表2所示内容，重复第（2）步的操作，直至添加完所有的字段，如图1-8所示，完成"xs. dbf"表的结构设计。

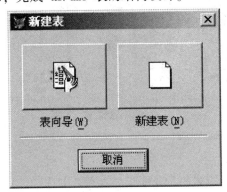

图1-5　"新建表"对话框

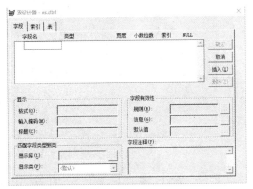

图1-6　表设计器对话框

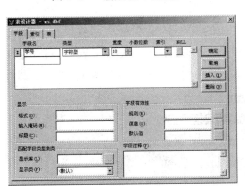

图1-7　"字段"选项卡设置

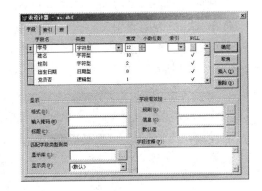

图1-8　添加完字段的"字段"选项卡

5. 建立数据库表之间的关系，设置参照完整性

（1）建立数据表之间的关系

在"学生成绩管理"数据库中，xs 表中存储了所有学生的信息，以"学号"作为主索引，在成绩表中以"学号"作为普通索引，所以 xs 表和 cj 表是一对多的关系，建立它们之间的永久性关系。同理，kc 表和 cj 表是一对多的关系，以"课程号"分别建立主索引和普通索引，建立永久性关系。如图1-9所示，过程如下：

① 根据表之间的关系，为各表建立如表1-5所示的索引。以建立 xs. dbf 和 cj. dbf 表之间的关系为例。在"项目管理器—学生成绩管理系统"对话框的"数据"选项卡中，选择"学生成绩管理"数据库，选择"xs"，单击"修改"按钮，打开表设计器。

表1-5　成绩管理数据库中各表的索引情况

表　名	索引名	索引类型	索引表达式
xs	学号	主索引	学号
kc	课程号	主索引	课程号
cj	学号	普通索引	学号
cj	课程号	普通索引	课程号

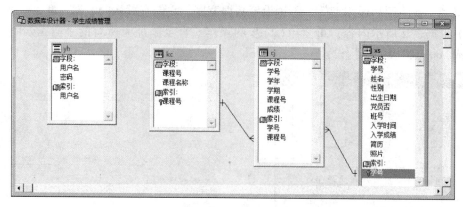

图 1-9　数据库表之间的关系

② 选择"索引"选项卡，在"索引名"中输入索引的名称"学号"，"类型"中选择"主索引"，"表达式"中输入索引的表达式"学号"，设置完成后，单击"确定"按钮。

③ 其他表的索引设置的方法重复步骤②。

④ 单击"xs"表的索引"学号"，然后拖动到"cj"表的"学号"索引处，释放鼠标，形成一条一对多关系连线，这样两个表之间就建立了永久关系，此时"xs"表为父表，"cj"表为子表，如图 1-10 所示。

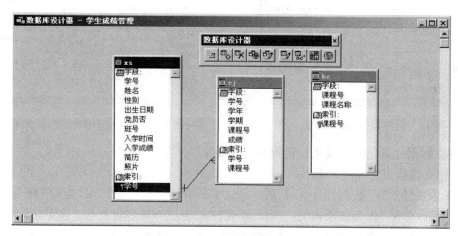

图 1-10　建立 xs 与 cj 表之间关系

⑤ 单击"kc"表的索引"课程号"，然后拖动到"cj"表的"课程号"索引处，释放鼠标，形成一条一对多关系连线，这样两个表之间就建立了永久关系，此时"kc"表为父表，"cj"表为子表。

（2）设置参照完整性

① 在"编辑关系"对话框中，单击"参照完整性"按钮，弹出系统提示信息对话框，如图 1-11 所示，提示清理数据库后才可运行"参照完整性生成器"。

图 1-11　建立 xs 与 cj 表之间关系

② 关闭该对话框，返回数据库设计器窗口。单击"数据库"菜单→"清理数据库"菜单命令，执行数据库的清理。

③ 然后再次打开"编辑关系"对话框，单击"参照完整性"按钮，打开"参照完整性生成器"对话框，如图1-12所示。默认打开"更新规则"选项卡，可以查看表关系之间对应的更新方式。

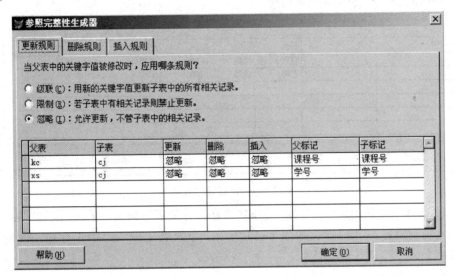

图1-12 "参照完整性生成器"对话框

④ 在列表框中单击"xs"父表选择记录。

⑤ 单击选择记录的"更新"字段的"忽略"，在打开的下拉列表中单击"级联"规则，将表关系的更新规则设置为"级联"，如图1-13所示。即如果父表"xs"中用新的关键字值，则自动更新子表"cj"表中的所有相关记录。

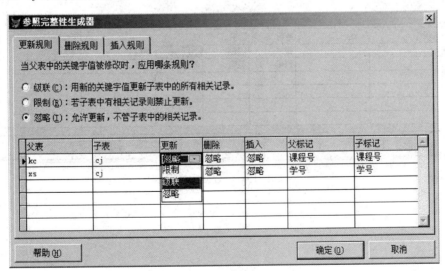

图1-13 设置更新规则

⑥单击"删除规则"选项卡，然后单击选择"限制(R)：若子表中有相关记录则禁止删除"单选按钮，将表关系的删除规则设置为"限制"，如图1-14所示。即如果子表"cj"表中有相关记录，则禁止父表"xs"的删除操作。

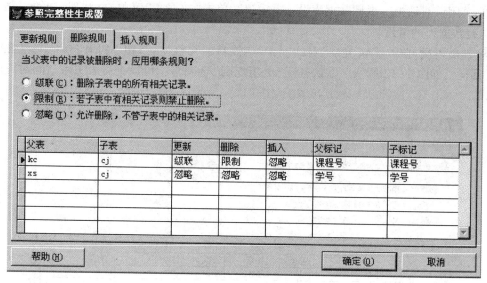

图 1-14　设置删除规则

⑦ 单击选择记录的"插入"字段的"忽略"，在打开的下拉列表中单击"限制"规则，将表关系的插入规则设置为"限制"，如图 1-15 所示。即如果父表"xs"中不存在匹配的关键字值，则禁止子表"cj"表中插入记录。

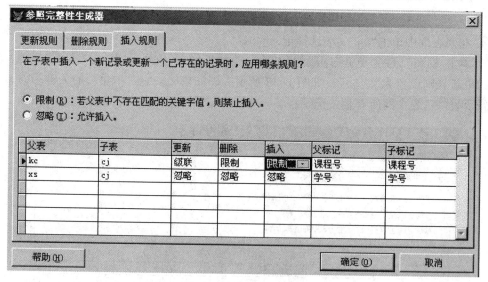

图 1-15　设置插入规则

实验 2 登录界面及系统功能的设计与实现

一、实验目的

1. 熟悉表单的使用；
2. 熟悉标签控件、文本框控件、命令按钮控件，掌握各控件的属性、事件；
3. 掌握 messagebox 函数的使用。

二、实验内容

1. 建立"学生成绩管理系统"的登录界面，编写程序完成其登录的功能；
2. 设计"用户管理"功能模块表单，并实现其功能；
3. 设计"修改用户密码"功能模块表单，并实现其功能。

三、实验步骤

1. 登陆界面的设计与实现

表单可以在项目管理器中建立，也可以先建立表单，再添加到项目管理器中。过程如下：

① 打开已经建立的"学生成绩管理系统"项目管理器，选择"文档"选项卡，选择"表单"后，单击右侧按钮"新建"，弹出新建对话框，选择"新建表单"按钮。

② 在表单上单击鼠标右键，在弹出菜单中选择"数据环境"项，打开"数据环境设计器"，添加数据表 yh. DBF。

③ 向"登录界面"添加所需的控件，并放到适当的位置，各控件及控件属性如表 2-1 所示。

表 2-1 登录界面中的控件及属性

控　件	属　性	值
Form1	caption	用户登录
	AutoCentrt	. T.
	Picture	找到相应的图片
	BorderStyle	2—固定对话框
	MaxButton	. F. —假
	MinButton	. F. —假
Label1	Caption	学生成绩管理系统
	FontName	隶书
	FontSize	25
	BackStyle	0—透明

续表

控 件	属 性	值
Container1	SpecialEffect	0—凸起
Label2	Caption	用户名：
	FontName	楷体
	FontSize	12
Label3	Caption	密码：
	FontName	楷体
	FontSize	12
Command1	Caption	确定
Command2	Caption	返回
Text 1	Name	txtuser
Text 2	Name	txtpassword

登录界面如图 2-1 所示。

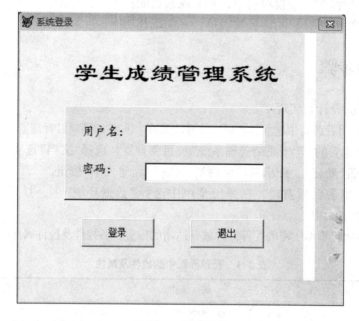

图 2-1　登录界面

④ 为登录.scx 表单增加"trytime"属性，该属性用来记录系统登录的次数。选择菜单栏"表单"项，选择"新建属性"，打开"新建属性"对话框，如图 2-2 所示。在"名称"后的文本框中输入"trytime"，点击"添加"按钮。在"登录"表单的属性窗口中就会出现"trytime"属性，该属性的初始值为".F."，修改初始值为数值"0"，如图 2-3 所示。

⑤ 用户在输入用户名和密码后，单击"确定"按钮，相应的程序将检测输入的用户名和密码在用户表中是否存在，即是否为合法用户。如果是合法用户，则进入系统；如果为不合法用户，系统提示应用人员密码错误，要求重新输入。如果输入 3 次错误，则自动退出系统。

图 2-2　"新建属性"对话框

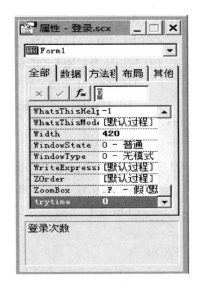

图 2-3　"登录"表单属性

添加 Command1 按钮，Click 事件代码为：

```
SET EXACT ON
THISFORM. TRYTIME = THISFORM. TRYTIME+1
IF ALLTRIM( THISFORM. txtUser. VALUE) = = " "
    MESSAGEBOX(" 请输入用户名" ,48," 学生成绩管理系统" )
    THISFORM. TXTUSER. SETFOCUS
    RETURN
ENDIF
USER_N = ALLTRIM( THISFORM. TXTUSER. VALUE)
USER_P = ALLTRIM( THISFORM. TXTPASSWORD. VALUE)
&& 定义逻辑变量 IS_USER,用于判断是否为合法用户
LOCAL IS_USER
IS_USER = . T.
&& 遍历 YH 表,判断输入的用户名和密码是否存在
SELECT YH
GO TOP
DO WHILE . NOT.  EOF( )
&& 寻找与输入的密码匹配的记录
IS_USER = ( USER_N = = ALLTRIM( YH. 用户名)) . AND. ;
                ( USER_P = = ALLTRIM( YH. 密码))
IF IS_USER
    EXIT
ELSE
    SKIP
ENDIF
ENDDO
```

```
IF IS_USER                                              && 如果正确
    CCURUSER = ALLTRIM(THISFORM.TXTUSER.VALUE)           && 保存登录用户
    DO FORM MAINFORM.SCX                                 && 调用主表单
        THISFORM.RELEASE
        THISFORM.VISIBLE = .F.
ELSE                                                    && 如果不正确
IF thisform.TRYTIME> = 3                                 && 如果登录次数达到三次
MESSAGEBOX("已经连续错误,请重启程序!",0+16,"学生成绩管理系统")
        THISFORM.RELEASE
        CLEAR EVENTS
        QUIT
ENDIF
    && 如果登录次数还没有到三次
    MESSAGEBOX("用户名或密码错误!",0+16,"学生成绩管理系统")
    THISFORM.TXTUSER.VALUE = ""
    THISFORM.TXTPASSWORD.VALUE = ""
    THISFORM.TXTUSER.SETFOCUS
ENDIF
SET EXACT OFF
```

添加 Command2 按钮, Click Event 代码为:

```
YN = MESSAGEBOX("确定退出",4+32,"学生成绩管理系统")     && 确认对话框
IF YN = 6
    THISFORM.RELEASE                                    && 退出登录表单
    CLEAR EVENTS                                        && 清除事件循环
    QUIT                                                && 退出 VFP
ENDIF
```

⑥ 执行运行命令,并进行测试。

2. 用户管理界面和功能的设计

"用户管理"表单实现用户的添加、删除功能。当添加用户时,如果添加的用户名已存在,则不能添加该用户。删除功能实现对某一个用户的删除,删除后此用户不能使用。设计过程如下:

① 打开已经建立的"学生成绩管理系统"项目管理器,选择"文档"选项卡,选择"表单"后,单击右侧按钮"新建",弹出新建对话框,选择"新建表单"按钮,保存表单为"yhgl.scx"。

② 在表单上单击鼠标右键,在弹出菜单中选择"数据环境"项,打开"数据环境设计器",添加数据表 yh.dbf。

③ 向"用户管理"界面添加所需的控件,并放到适当的位置,各控件及控件属性如表 2-2 所示,"用户管理"界面如图 2-4 所示。

表 2-2 "用户管理"界面控件及属性

控　件	属　性	值
Form1	caption	用户管理
	AutoCentrt	. T.
	BorderStyle	2—固定对话框
Label1	Caption	已存在用户:
	FontName	宋体
	FontSize	9
List1	RowSourceType	6-字段
	RowSource	yh. 用户名
Label2	Caption	用户名:
	FontName	宋体体
	FontSize	9
Label3	Caption	密码:
	FontName	宋体
	FontSize	9
Command1	Caption	添加
Command2	Caption	删除
Command3	Caption	返回

④ 为"添加"、"删除"和"返回"按钮添加代码。

"添加"按钮的 Click 事件代码如下:

```
SELECT YH
IF   ALLTRIM(THISFORM. TEXT1. VALUE)= =" " OR;
        ALLTRIM(THISFORM. TEXT2. VALUE)= =" "
    MESSAGEBOX("用户名和密码都不能为空!",0+64,"提示信息")
ELSE
    GO TOP
    LOCATE FOR ALLTRIM(THISFORM. TEXT1. VALUE)= =;
        ALLTRIM(YH. 用户名)
    IF NOT EOF( )
        MESSAGEBOX("用户名已经存在!",0+64,"提示信息")
    ELSE
        APPEND BLANK
        REPLACE 用户名 WITH ALLTRIM(THISFORM. TEXT1. VALUE)
        REPLACE 密码 WITH ALLTRIM(THISFORM. TEXT2. VALUE)
        THISFORM. LIST1. REQUERY
    ENDIF
ENDIF
THISFORM. TEXT1. VALUE=" "
```

```
THISFORM. TEXT2. VALUE = " "
THISFORM. LIST1. REFRESH
THISFORM. REFRESH
```

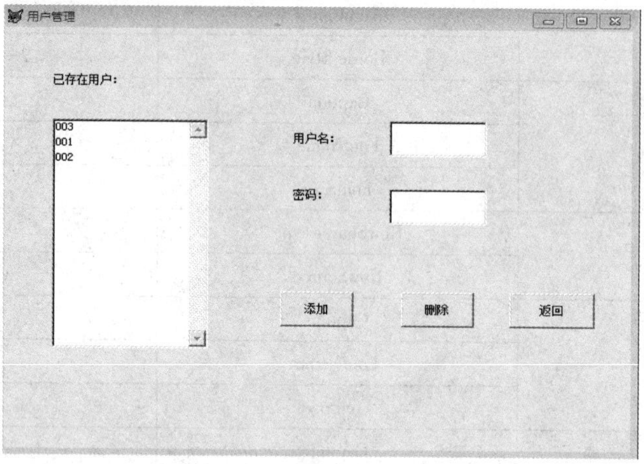

图 2-4   "用户管理"界面

"删除"按钮的 Click 事件代码如下：

```
SELECT YH
LOCATE FOR ALLTRIM(THISFORM. TEXT1. VALUE) = = ALLTRIM(YH. 用户名) AND;
          ALLTRIM(THISFORM. TEXT2. VALUE) = = ALLTRIM(YH. 密码)
IF NOT EOF( )
    YN = MESSAGEBOX("确定要删除该记录",4+32+256,"删除确认")
    IF YN = 6
        DELETE
        PACK
    ENDIF
ELSE
    MESSAGEBOX("此用户和密码不正确!")
ENDIF
THISFORM. TEXT1. VALUE = " "
THISFORM. TEXT2. VALUE = " "
THISFORM. LIST1. REQUERY
THISFORM. REFRESH
```

"返回"按钮的 Click 事件代码如下：

```
THISFORM. RELEASE
```

⑤ 执行运行命令,并进行测试。

3. 修改密码功能

修改密码时，需要首先输入原来的用户名和密码，填写修改后的密码并进行确认，当用户名存在，并且密码正确时，用户的密码就会修改成功。当用户名不存在或者原密码输入不正确时，密码修改就不能成功。设计过程如下：

① "项目管理器—学生成绩管理系统"中新建表单并保存为"mmxg. scx"。

② 在表单上单击鼠标右键，在弹出菜单中选择"数据环境"项，打开"数据环境设计器"，添加数据库表 yh. dbf。

③ "密码修改"界面所需的控件及控件的属性如表 2-3 所示，将控件放置在表单的适当位置，界面如图 2-5 所示。

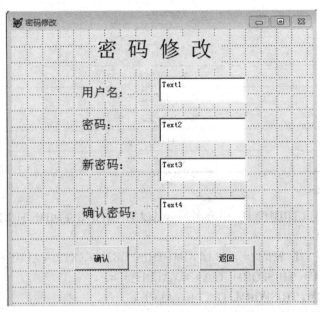

图 2-5 密码修改界面

④ 为"确认"和"返回"按钮添加代码。

"确认"按钮的 Click 事件代码如下：

表 2-3 "密码修改"界面控件及属性

控　件	属　性	值
Form1	Caption	用户管理
	AutoCentrt	. T.
	BorderStyle	2—固定对话框
Label1	Caption	密 码 修 改
	FontName	宋体
	FontSize	24
Label2	Caption	用户名：
	FontName	宋体
	FontSize	14
Label3	Caption	密码：
	FontName	宋体
	FontSize	14
Label4	Caption	新密码：
	FontName	宋体
	FontSize	14

控 件	属 性	值
Label5	Caption	确认密码:
	FontName	宋体
	FontSize	14
Text1	FontSize	12
	FontBold	. T.
Text2	PasswordChar	*
Text3	PasswordChar	*
Text4	PasswordChar	*
Command1	Caption	确认
Command2	Caption	返回

```
SELECT YH
LOCATE FOR ALLTRIM(YH. 用户名)= =ALLTRIM(THISFORM. TEXT1. VALUE)
IF NOT EOF( )
  IF ALLTRIM(YH. 密码)= =ALLTRIM(THISFORM. TEXT2. VALUE)
    IF ALLTRIM(THISFORM. TEXT3. VALUE)= =;
      ALLTRIM(THISFORM. TEXT4. VALUE)
    REPLACE   YH. 密码 WITH ALLTRIM(THISFORM. TEXT3. VALUE)
    MESSAGEBOX("密码修改成功", 0+64,"提示信息")
  ELSE
    MESSAGEBOX("两次输入的新密码不同，请重新输入", 0+16,"提示信息")
    THISFORM. TEXT4. VALUE=" "
    THISFORM. TEXT3. VALUE=" "
    THISFORM. TEXT3. SETFOCUS
  ENDIF
  ELSE
  MESSAGEBOX("输入的旧密码错误，请重新输入", 0+32,"提示信息")
  THISFORM. TEXT2. VALUE=" "
    THISFORM. TEXT2. SETFOCUS
  ENDIF
ELSE
MESSAGEBOX("输入的用户名错误，请重新输入", 0+32,"提示信息")
THISFORM. TEXT1. VALUE=" "
THISFORM. TEXT1. SETFOCUS
ENDIF
```

"返回"按钮的 Click 事件代码如下:

```
THISFORM. RELEASE
```

⑤ 行运行命令，并进行测试。

实验 3　菜单的设计与实现

一、实验目的

1. 掌握菜单的设计方法；
2. 理解菜单、主界面表单、程序文件之间的衔接关系；
3. 理解通过主菜单对各子功能(表单)实现的调用。

二、实验内容

1. 设计"学生成绩管理系统"的主菜单；
2. 设计"学生成绩管理系统"的主界面，并将其设置为顶层表单，将主菜单嵌入表单中。

三、实验步骤

1. 设计"学生成绩管理系统"的主菜单

根据系统能够完成的功能，设计主菜单的结构，如图 3-1 所示。

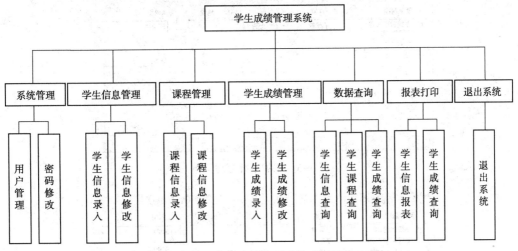

图 3-1　学生成绩管理系统功能模块

系统管理、学生信息管理、课程管理、学生成绩管理、数据查询、报表打印和退出系统需要设计成条形菜单形式，各条形菜单的下一级需要设计成弹出式菜单的形式，制作完成后会出现如图 3-2 所示的形式。设计过程如下：

(1) 打开"项目管理器—学生成绩管理系统"对话框，切换到"其他"选项卡。然后选择"菜单"选项，单击"新建"按钮，打开"新建菜单"对话框，如图 3-3 所示。点击"菜单"按钮，打开"菜单设计器"，如图 3-4 所示。

图 3-2   弹出式菜单

（2）在"菜单设计器"的"菜单名称"中，输入"系统管理(\<S)"，在"结果"列中选择"子菜单"，如图 3-5 所示。

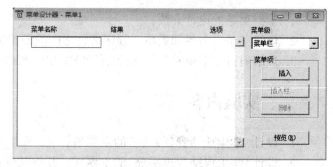

图 3-3   "新建菜单"对话框   图 3-4   "菜单设计器"对话框

（3）利用（2）中方法在菜单栏中完成其他主菜单的设计。菜单名称分别为：课程管理、学生信息管理、学生成绩管理、数据查询和报表打印，并分别给这 5 个菜单名称加上访问键字母：C、D、G、Q、P。条形菜单最后定义结果如图 3-6 所示。

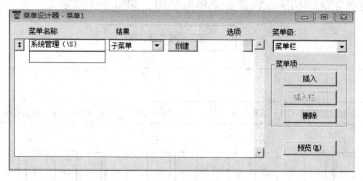

图 3-5   添加系统管理菜单

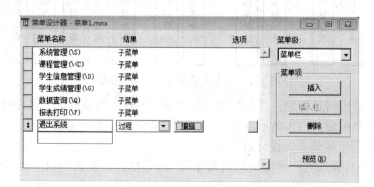

图 3-6   条形菜单

（4）为菜单项指定任务。单击"系统管理"栏"创建"按钮进入"系统管理"子菜单设计器。

（5）在"菜单名称"中输入"用户管理"，在"结果"下拉列表中选择"命令"，然后在后面的文本框中输入如下命令，如图3-7所示。

DO FORM YHGL.SCX

然后单击选项字段的 ▢ 按钮，打开"提示选项"对话框，在"键标签"框中，按下组合键"CTRL+Y"，为"用户管理"创建快捷键，如图3-8所示。

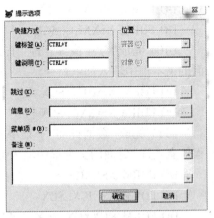

图3-7 添加"用户管理"子菜单   图3-8 "提示选项"对话框

（6）重复操作步骤（5），建立"密码修改"子菜单，在"结果"中选择"命令"，在文本框中输入"DO FORM MMXG.SCX"，单击选项按钮，设置快捷键"CTRL+M"组合键。"系统管理"子菜单定义结果如图3-9所示。

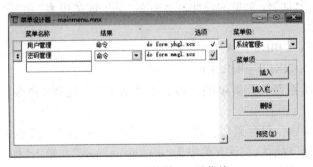

图3-9 "系统管理"子菜单

（7）选择"菜单级"下拉列表中的"菜单栏"，如图3-10所示，返回菜单栏的设计部分。

图3-10 返回菜单栏

（8）完成"课程管理"子菜单的设计，然后在"课程信息录入"和"课程信息修改"后面的文本框中输入如下命令。

DO FORM KCXXLR. SCX

DO FORM KCXXXG. SCX

（9）完成"学生信息管理"子菜单的设计，然后在"学生信息录入"和"学生信息修改"后面的文本框中输入如下命令。

DO FORM XSXXLR. SCX

DO FORM XSXXXG. SCX

（10）完成"学生成绩管理"子菜单的设计，然后在"学生成绩录入"和"学生成绩修改"后面的文本框中输入如下命令。

DO FORM XSCJLR. SCX

DO FORM XSCJXG. SCX

（11）完成"数据查询"子菜单的设计，然后在"学生信息查询"、"学生成绩查询"和"课程信息查询"后面的文本框中输入如下命令。

DO FORM XSXXCX. SCX

DO FORM XSCJCX. SCX

DO FORM KCXXCX. SCX

（12）完成"报表打印"子菜单的设计，然后在"学生成绩报表"和"学生信息报表"后面的文本框中输入如下命令。

REPORT FORM XSCJBB PREVIEW

REPORT FORM XSXXBB PREVIEW

（13）完成"报表打印"子菜单的设计，然后在"学生成绩报表"和"学生信息报表"后面的文本框中输入如下命令。

REPORT FORM XSCJBB PREVIEW

REPORT FORM XSXXBB PREVIEW

（14）完成"退出系统"子菜单的设计，在"结果"中选择"命令"，在文本框中输入"quit"。

（15）创建完菜单后，保存菜单，依次单击"文件"→"保存"或点击工具栏上的保存按钮，弹出系统提示信息对话框。保存菜单为"mainmenu. mnx"，单击"保存"按钮。

（16）在菜单栏上单击"菜单"项→"生成"菜单命令，打开"生成菜单"对话框，如图3-11所示。

图3-11　"生成菜单"对话框

（17）单击"生成"按钮，生成菜单可执行文件。返回"项目管理器"中，在"其他"选项卡的"菜单"中出现"mainmenu"。

2. 设计"学生成绩管理系统"的主界面，并将其设置为顶层表单，将主菜单嵌入表单中将设计好的"mainmenu. mnx"菜单嵌入到主表单中，过程如下：

（1）创建好下拉菜单后，在菜单设计器未关闭时，选择"显示"菜单下的"常规选项"命令，弹出"常规选项"对话框，如图3-12所示。选中"顶层表单"复选框，单击"确定"按钮。然后生成菜单程序。

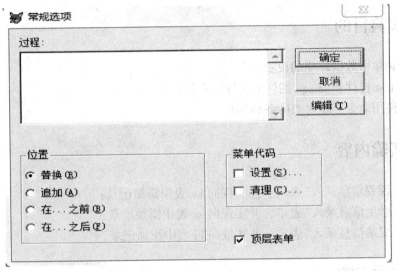

图3-12　"常规选项"对话框

（2）创建要放置菜单的表单，将该表单的 ShowWindows 属性值设置为"2-作为顶层表单"。

（3）在该表单的 Init 事件中调用菜单程序，命令如下：

DO mainmenu. mpr WITH THIS，. T.

注意：菜单运行的一定是生成后的可执行文件（扩展名为. MPR）。

运行表单，就可以看到菜单显示在表单上了，如图3-13所示。

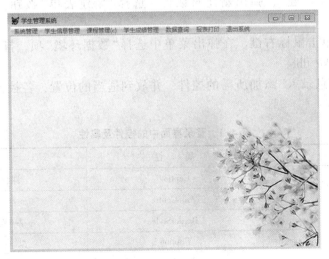

图3-13　主表单界面

实验4 "学生成绩管理系统"数据录入功能的设计与实现

一、实验目的

1. 熟悉表单中数据环境的设置；
2. 熟悉 List 控件和 Image 控件的属性、事件；
3. 掌握使用命令实现对表的各种操作。

二、实验内容

1. 设计"课程信息录入"表单，并实现向 kc 表中添加记录；
2. 设计"学生信息录入"表单，并实现向 xs 表中添加记录；
3. 设计"成绩信息录入"表单，并实现向 cj 表中添加记录。

三、实验步骤

1. 设计"课程信息录入"表单，并实现向 kc 表中添加记录

"课程信息录入"表单的功能是输入课程的相关信息，其中的课程号是不能为空。点击"添加"按钮，若课程号是不存在的，则成功添加到 kc 表中；若课程号已经存在，则不能添加成功。设计过程如下：

① 打开已经建立的"学生成绩管理系统"项目管理器，选择"文档"选项卡，选择"表单"后，单击右侧按钮"新建"，弹出新建对话框，选择"新建表单"按钮，保存表单名称为"kkxxlr. scx"。

② 在表单上单击鼠标右键，在弹出菜单中选择"数据环境"项，打开"数据环境设计器"，添加数据表 kc. dbf。

③ 向"课程信息录入"添加所需的控件，并放到适当的位置，各控件及控件属性如表4-1所示。

表 4-1　登录界面中的控件及属性

控　件	属　性	值
Form1	Caption	课程信息录入
	AutoCentrt	. T.
	BorderStyle	2—固定对话框
Label1	Caption	录 入 新 课 程
	FontName	楷体
	FontSize	30
	BackStyle	0—透明

控 件	属 性	值
Line1		
List1	RowSource	kc. 课程名称
	RowSourceType	6-字段
Label2	Caption	课程号:
	FontName	宋体
	FontSize	12
Label3	Caption	课程名称:
	FontName	宋体
	FontSize	12
Text1	FontSize	12
Text2	FontSize	12
Command1	Caption	添加
Command2	Caption	重置
Command3	Caption	返回

"课程信息录入"界面如图4-1所示:

图4-1 "课程信息录入"界面

④ 为"添加"、"重置"和"返回"按钮添加代码。

"添加"按钮的 Click 事件代码如下:

```
SELECT KC
IF ALLTRIM(THISFORM. TEXT1. VALUE)= =""
        MESSAGEBOX("课程号必须填写!",64,"提示")
ELSE
    LOCATE FOR  ALLTRIM(THISFORM. TEXT1. VALUE)= =ALLTRIM(KC. 课程号)
    IF NOT EOF( )
        MESSAGEBOX("次学号已经存在,请重新输入!",64,"提示")
        THISFORM. TEXT1. VALUE=""
```

```
        THISFORM. TEXT1. SETFOCUS
    ELSE
        APPEND BLANK
        REPLACE 课程号 WITH   ALLTRIM( THISFORM. TEXT1. VALUE)
        REPLACE 课程名称 WITH   ALLTRIM( THISFORM. TEXT2. VALUE)
    ENDIF
ENDIF
THISFORM. LIST1. REFRESH
THISFORM. REFRESH
```

KCXXLR. SCX 表单中的"重置"按钮的 Click 事件代码如下：

```
THISFORM. TEXT1. VALUE = " "
THISFORM. TEXT2. VALUE = " "
```

KCXXLR. SCX 表单中的"返回"按钮的 Click 事件代码如下：

```
THISFORM. RELEASE
```

⑤ 执行运行命令，并进行测试。

2. 设计"学生信息录入"表单，并实现向 xs 表中添加记录

"学生信息录入"表单中，"学号"项必须填写，并且可以导入学生照片，录入完成后，点击"添加"按钮，在添加到学生表前要先检查学号是否已经存在，若存在则添加不成功，若学号不存在则添加成功。设计过程如下：

① 打开已经建立的"学生成绩管理系统"项目管理器，选择"文档"选项卡，选择"表单"后，单击右侧按钮"新建"，弹出新建对话框，选择"新建表单"按钮，保存表单名称为"xsxxlr. scx"。

② 在表单上单击鼠标右键，在弹出菜单中选择"数据环境"项，打开"数据环境设计器"，添加数据表 xs. dbf。

③ 向"学生信息录入"表单中添加所需的控件，并放到适当的位置，各控件及控件属性如表 4-2 所示。

表 4-2　"学生信息录入"表单中的控件及属性

控　件	属　性	值
Form1	Caption	学生信息录入
	AutoCentrt	. T.
	BorderStyle	2—固定对话框
Label1	Caption	学号：
	FontSize	30
Label2	Caption	课程号：
	FontSize	12
Label3	Caption	姓名：
	FontSize	12
Label4	Caption	班号：
	FontSize	12

续表

控　件	属　性	值
Label5	Caption	出生日期：
	FontSize	12
Label6	Caption	性别：
	FontSize	12
Label7	Caption	入学时间：
	FontSize	12
Label8	Caption	简历：
	FontSize	12
Check1	Caption	党员否
Text1 ~ Text6		
Image1		放置在适当的位置
Edit1		
Command1	Caption	导入照片
Command2	Caption	添加
Command3	Caption	重置
Command4	Caption	返回

"学生信息录入"界面如图4-2所示：

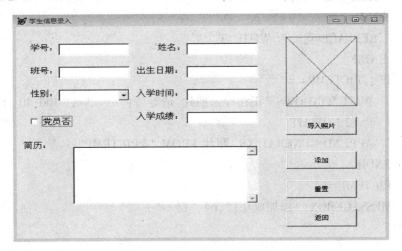

图4-2　"学生信息录入"界面

④ 为"导入照片"、"添加"、"重置"和"返回"按钮添加代码。

"导入照片"按钮的 Click 事件代码如下：

THISFORM. IMAGE1. VISIBLE = . T.

PICTEMP = GETPICT("BMP；JPEG" , "选择照片" , "导入")

THISFORM. IMAGE1. PICTURE = PICTEMP

"添加"按钮的 Click 事件代码如下：

SELECT XS

```
IF（ALLTRIM（THISFORM. TEXT1. VALUE）= =""）
    MESSAGEBOX（"学号必须填充!",64,"提示"）
ELSE
  LOCATE FOR ALLTRIM（THISFORM. TEXT1. VALUE）= =ALLTRIM（XS. 学号）
  IF ! EOF（）
    MESSAGEBOX（"此学号已存在,请重新输入!",64,"提示"）
    THISFORM. TEXT1. VALUE=""
    THISFORM. TEXT1. SETFOCUS
  ELSE
    APPEND BLANK
    REPLACE  学号 WITH ALLTRIM（THISFORM. TEXT1. VALUE）
    REPLACE  姓名 WITH ALLTRIM（THISFORM. TEXT2. VALUE）
    REPLACE  班号 WITH ALLTRIM（THISFORM. TEXT3. VALUE）
    REPLACE 出生日期 WITH CTOD（ALLTRIM（THISFORM. TEXT4. VALUE））
    REPLACE  性别 WITH ALLTRIM（THISFORM. COMBO1. VALUE）
    REPLACE 入学时间 WITH CTOD（ALLTRIM（THISFORM. TEXT5. VALUE））
    REPLACE 入学成绩 WITH  VAL（ALLTRIM（THISFORM. TEXT6. VALUE））
    REPLACE  简历 WITH ALLTRIM（THISFORM. EDIT1. VALUE）
      IF THISFORM. CHECK1. VALUE= =0
        REPLACE 党员否 WITH . F.
      ELSE
        REPLACE 党员否 WITH . T.
      ENDIF
      IF ! PICTEMP= =""
        WAIT WINDOWS "正在导入照片,请等待! ……" AT 100,40 TIMEOUT ;
          2 NOWAIT
          APPEND GENERAL XS. 照片 FROM "&PICTEMP"
      ENDIF
      PICTEMP=""
      MESSAGEBOX（"添加成功!",64,"提示"）
  ENDIF
ENDIF
```

"重置"按钮的 Click 事件代码如下:

```
WITH THISFORM
. COMBO1. DISPLAYVALUE=""
. TEXT1. VALUE=""
. TEXT2. VALUE=""
. TEXT3. VALUE=""
. TEXT4. VALUE=""
. TEXT5. VALUE=""
```

. TEXT6. VALUE = " "

. EDIT1. VALUE = " "

. IMAGE1. PICTURE = " "

. CHECK1. VALUE = 0

ENDWITH

"返回"按钮的 Click 事件代码如下：

THISFORM. RELEASE

⑤ 执行运行命令，并进行测试。

3. 设计"成绩信息录入"表单，并实现向 cj 表中添加记录

当向"成绩信息录入"表单输入相关信息，其中的学号和课程号是必须填写的。点击"添加"按钮，若该学生的此门课程成绩是不存在的，则成功添加到 cj 表中；若该学生的此门课程成绩已经存在，则不能添加成功。设计过程如下：

① 打开已经建立的"学生成绩管理系统"项目管理器，选择"文档"选项卡，选择"表单"后，单击右侧按钮"新建"，弹出新建对话框，选择"新建表单"按钮，保存表单名称为"XSCJLR. SCX"。

② 在表单上单击鼠标右键，在弹出菜单中选择"数据环境"项，打开"数据环境设计器"，添加数据表 kc. dbf，xs. dbf，cj. dbf。

③向"课程信息录入"添加所需的控件，并放到适当的位置，各控件及控件属性如表4-3所示。

表 4-3 "成绩信息录入"界面中的控件及属性

控 件	属 性	值
Form1	Caption	学生成绩录入
	AutoCentrt	. T.
	BorderStyle	2—固定对话框
Label1	Caption	已有学生学号：
	FontName	宋体
	FontSize	12
List1	RowSource	xs. 学号
	RowSourceType	6-字段
Label2	Caption	学号：
	FontSize	12
Label3	Caption	学年
	FontSize	12
Label4	Caption	学期：
	FontSize	12
Label5	Caption	课程号：
	FontSize	12
Label6	Caption	成绩：
	FontSize	12

续表

控　　件	属　　性	值
Text1 ~ Text2	放置适当的位置	
Combo1	RowSource	2007，2008，2009……
	RowSourceType	1-值
Combo2	RowSource	1，2，3，4
	RowSourceType	1-值
Combo2	RowSource	Kc. 课程号
	RowSourceType	6-字段
Text2	FontSize	12
Command1	Caption	添加
Command2	Caption	重置
Command3	Caption	返回

"学生成绩录入"界面如图 4-3 所示。

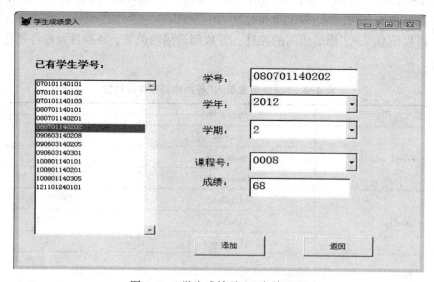

图 4-3　"学生成绩录入"表单界面

④ 为"添加"和"返回"按钮及 List1 控件添加代码

XSCJLR. SCX 表单中的 List1 的 Click 事件代码如下：

THISFORM. TEXT4. VALUE = THISFORM. LIST1. VALUE

XSCJLR. SCX 表单中的"添加"按钮的 Click 事件代码如下：

IF ALLTRIM(THISFORM. TEXT4. VALUE) = = " " OR ；

ALLTRIM(THISFORM. COMBO3. VALUE) = = " "

　　　MESSAGEBOX("学号和课程号两项必须填写!"，64，"提示")

ELSE

　　　SELECT XS

　　　LOCATE FOR 学号 = ALLTRIM(THISFORM. TEXT4. VALUE)

```
        IF EOF( )
            MESSAGEBOX("此学号不存在不能录入!",64,"提示")
            THISFORM. TEXT4. VALUE=""
            THISFORM. COMBO1. VALUE=""
            THISFORM. COMBO2. VALUE=""
            THISFORM. TEXT3. VALUE=""
            THISFORM. COMBO3. VALUE=""
        ELSE
            SELECT CJ
            GO TOP
            LOCATE FOR ALLTRIM(THISFORM. TEXT4. VALUE)=ALLTRIM(CJ. 学号);
                AND ALLTRIM(THISFORM. COMBO3. VALUE)=ALLTRIM(CJ. 课程号)
            IF NOT EOF( )
                MESSAGEBOX("该学生此本课程成绩已经存在!",64,"提示")
                THISFORM. TEXT4. VALUE=""
                THISFORM. COMBO3. VALUE=""
            ELSE
                APPEND BLANK
                REPLACE 学号 WITH ALLTRIM(THISFORM. TEXT4. VALUE)
                REPLACE 学年 WITH ALLTRIM(THISFORM. COMBO1. VALUE)
                REPLACE 学期 WITH ALLTRIM(THISFORM. COMBO2. VALUE)
                REPLACE 成绩 WITH VAL(ALLTRIM(THISFORM. TEXT3. VALUE))
                REPLACE 课程号 WITH ALLTRIM(THISFORM. COMBO3. VALUE)
                MESSAGEBOX("添加成功!",64,"提示")
                THISFORM. TEXT4. VALUE=""
                THISFORM. COMBO1. VALUE=""
                THISFORM. COMBO2. VALUE=""
                THISFORM. TEXT3. VALUE=""
                THISFORM. COMBO3. VALUE=""
            ENDIF
        ENDIF
    ENDIF
    THISFORM. LIST1. REFRESH
    THISFORM. REFRESH
```

XSCJLR. SCX 表单中的"返回"按钮的 Click 事件代码如下：

```
    THISFORM. RELEASE
```

⑤ 执行运行命令，并进行测试。

实验 5 "学生成绩管理系统"的数据修改

一、实验目的

1. 熟悉命令按钮组控件的使用；
2. 熟悉 Oleboundcontrol 控件的使用；
3. 掌握查询数据及修改数据的方法。

二、实验内容

1. 建立"学生信息修改"表单，并实现对 xs 表中数据的修改；
2. 建立"课程信息修改"表单，并实现对 kc 表中数据的修改；
3. 建立"学生成绩修改"表单，并实现对 cj 表中数据的修改。

三、实验步骤

1. 建立"学生信息修改"表单，并实现对 xs 表中数据的修改

通过"学生信息修改"表单可以实现对学生信息的修改功能。首先在表单的最上面的文本框中输入正确的学号或姓名，点击"定位查询"按钮，此学生的相关信息则显示在相应的位置。也可以通过命令按钮组中的四个按钮对表中的数据进行查看，在相应的位置修改当前记录的信息。最后，点击"修改"按钮，本记录的修改任务完成。点击"删除"按钮，将该记录从 xs. dbf 中删除。具体实现过程如下：

① 打开已经建立的"学生成绩管理系统"项目管理器，选择"文档"选项卡，选择"表单"后，单击右侧按钮"新建"，弹出新建对话框，选择"新建表单"按钮，保存表单名称为"xsxxxg. scx"。

② 在表单上单击鼠标右键，在弹出菜单中选择"数据环境"项，打开"数据环境设计器"，添加数据表 xs. dbf。

③ 向"课程信息录入"添加所需的控件，并放到适当的位置，各控件及控件属性如表 5-1 所示：

表 5-1 "学生信息修改"表单控件及属性

控　件	属　性	值
Form1	Caption	学生信息修改
	AutoCentrt	. T.
	BorderStyle	2—固定对话框
Label1	Caption	学号：
	FontSize	12

控　件	属　性	值
Label2	Caption	姓名：
	FontSize	12
Label3	Caption	班号：
	FontSize	12
Label4	Caption	出生日期：
	FontSize	12
Label5	Caption	性别：
	FontSize	12
Label6	Caption	入学时间：
	FontSize	12
Label7	Caption	入学成绩：
	FontSize	12
Label8	Caption	简历：
	FontSize	12
Label9	Caption	输入学号或姓名：
	FontSize	12
Line1	放置适当位置	
Check1	Caption	党员否
	ControlSource	xs. 党员否
Edit1	ControlSource	xs. 简历
Oleboundcontrol1	ControlSource	xs. 照片
Text1	ControlSource	xs. 学号
Text2	ControlSource	xs. 姓名
Text3	ControlSource	xs. 班号
Text4	ControlSource	xs. 出生日期
Text5	ControlSource	xs. 入学成绩
Text6	ControlSource	xs. 入学时间
Text7	放置适当位置	
Combo1	ControlSource	xs. 性别
Commandgroup1	ButtonCount	4
Command1	Caption	导入照片
Command2	Caption	修改
Command3	Caption	删除
Command4	Caption	返回

"学生信息修改"界面如图 5-1 所示。

④ 为"定位查询"、"导入照片"、"修改"、"删除","返回"五个按钮以及命令按钮组添加代码。

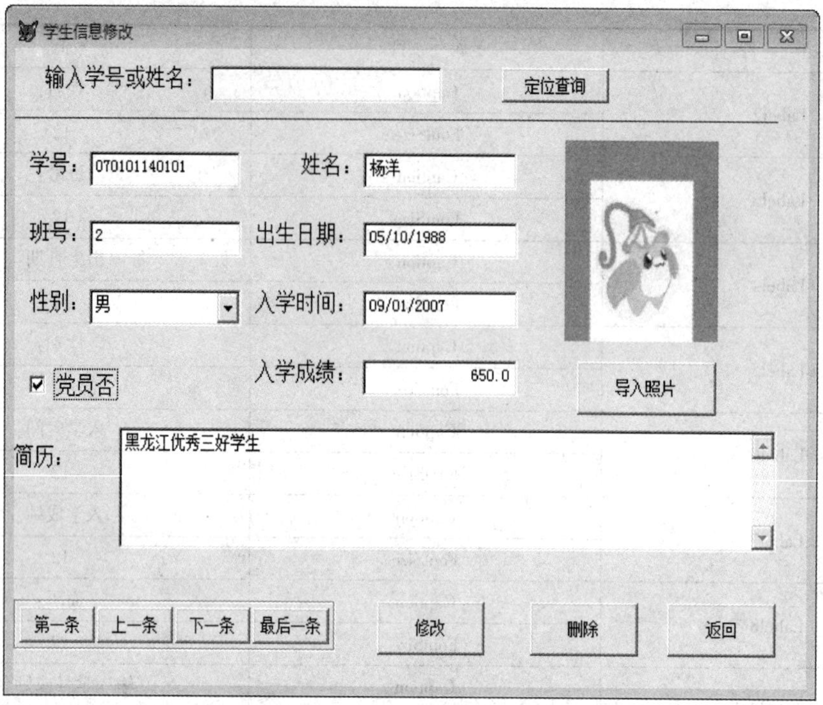

图 5-1　"学生信息修改"表单界面

"定位查询"按钮的 CLICK 事件代码如下:

```
SELECT XS
LOCATE FOR ALLTRIM(THISFORM. TEXT7. VALUE)= ALLTRIM(XS. 学号);
    OR ALLTRIM(THISFORM. TEXT7. VALUE)= ALLTRIM(XS. 姓名)
IF NOT EOF()
    THISFORM. TEXT1. VALUE=XS. 学号
    THISFORM. TEXT2. VALUE=XS. 姓名
    THISFORM. TEXT3. VALUE=XS. 班号
    THISFORM. TEXT4. VALUE=DTOC(XS. 出生日期)
    THISFORM. TEXT5. VALUE=STR(XS. 入学成绩)
    THISFORM. TEXT6. VALUE=DTOC(XS. 入学时间)
    THISFORM. COMBO1. VALUE=XS. 性别
    IF XS. 党员否=. T.
        THISFORM. CHECK1. VALUE=1
    ELSE
        THISFORM. CHECK1. VALUE=0
    ENDIF
    THISFORM. EDIT1. VALUE=XS. 简历
ELSE
    MESSAGEBOX("没有要找的学生!",64,"提示")
    THISFORM. TEXT1. VALUE=""
ENDIF
```

THISFORM. REFRESH

"导入照片"按钮的 CLICK 事件代码如下：

```
    PICTEMP = GETPICT("BMP;JPEG","选择照片","导入")
    APPEND GENERAL XS. 照片 FROM "&PICTEMP"
```

"修改"按钮的 CLICK 事件代码如下：

```
SELECT XS
REPLACE 学号 WITH ALLTRIM(THISFORM. TEXT1. VALUE)
REPLACE 姓名 WITH ALLTRIM(THISFORM. TEXT2. VALUE)
REPLACE 班号 WITH ALLTRIM(THISFORM. TEXT3. VALUE)
REPLACE 出生日期 WITH CTOD(ALLTRIM(THISFORM. TEXT4. VALUE))
REPLACE 性别 WITH ALLTRIM(THISFORM. COMBO1. VALUE)
REPLACE 入学时间 WITH CTOD(ALLTRIM(THISFORM. TEXT6. VALUE))
REPLACE 入学成绩 WITH VAL(ALLTRIM(THISFORM. TEXT5. VALUE))
IF THISFORM. CHECK1. VALUE = 1
    REPLACE 党员否 WITH .T.
ELSE
    REPLACE 党员否 WITH .F.
ENDIF
REPLACE 简历 WITH ALLTRIM(THISFORM. EDIT1. VALUE)
REPLACE 照片 WITH THISFORM. OLEBOUNDCONTROL1. CONTROLSOURCE
```

"删除"按钮的 CLICK 事件代码如下：

```
    USE XS EXCL
    YN = MESSAGEBOX("确定要删除该记录",4+32+256,"删除确认")
    IF YN = 6
        DELETE
        PACK
        IF EOF( )
            GO BOTTOM
        ENDIF
    ENDIF
    THISFORM.REFRESH
```

"返回"按钮的 Click 事件代码如下：

```
    THISFORM.RELEASE
```

"Commandgroup1"命令按钮组的 Click 事件代码如下：

```
        DO CASE
        CASE THISFORM.COMMANDGROUP1.VALUE = 1
            GO TOP
            THISFORM.REFRESH
        CASE THISFORM.COMMANDGROUP1.VALUE = 2
            SKIP -1
```

```
        IF BOF( )
            MESSAGEBOX("现在是第一条记录!",64,"提示")
        ENDIF
        THISFORM.REFRESH
    CASE THISFORM.COMMANDGROUP1.VALUE=3
        SKIP
        IF EOF( )
            MESSAGEBOX("现在是最后一条记录!",64,"提示")
        ENDIF
        THISFORM.REFRESH
    CASE THISFORM.COMMANDGROUP1.VALUE=4
        GO BOTTOM
        THISFORM.REFRESH
    ENDCASE
    THISFORM.REFRESH
```

⑤ 执行运行命令，并进行测试。

2. 建立"课程信息修改"表单，并实现对 kc 表中数据的修改

在"课程信息修改"中，可以通过输入课程号或者课程名称，查询此课程的相关信息，并显示在相应的位置；也可以通过"命令按钮组"控件的"上一条"、"下一条"等按钮查询信息。接着可以修改各字段的数据，修改完成后，点击"修改"按钮，完成对数据的修改，并把修改后的信息存储到课程表中。通过"删除"按钮可以删除 kc.dbf 表中的记录。具体过程如下：

①打开已经建立的"学生成绩管理系统"项目管理器，选择"文档"选项卡，选择"表单"后，单击右侧按钮"新建"，弹出新建对话框，选择"新建表单"按钮，保存表单名称为"KCXXXG.SCX"。

②在表单上单击鼠标右键，在弹出菜单中选择"数据环境"项，打开"数据环境设计器"，添加数据表 kc.dbf。

③向"课程信息修改"表单添加所需的控件，并放到适当的位置，各控件及控件属性如表 5-2 所示。

表5-2 "学生信息修改"表单控件及属性

控　　件	属　　性	值
Form1	Caption	课程信息修改
	AutoCentrt	.T.
	BorderStyle	2—固定对话框
Label1	Caption	输入课程号或课程名称：
	FontSize	12
Label2	Caption	已存在课程：
	FontSize	12

续表

控　件	属　性	值
Label3	Caption	课程号：
	FontSize	12
Label4	Caption	课程名称：
	FontSize	12
Line1	放置适当位置	
List1	RowSourceType	6-字段
	RowSource	kc. 课程名称
Text1	ControlSource	kc. 课程号
Text2	ControlSource	kc. 课程名称
Commandgroup1	ButtonCount	4
Command1	Caption	修改
Command2	Caption	删除
Command3	Caption	返回

"课程信息修改"界面如图 5-2 所示。

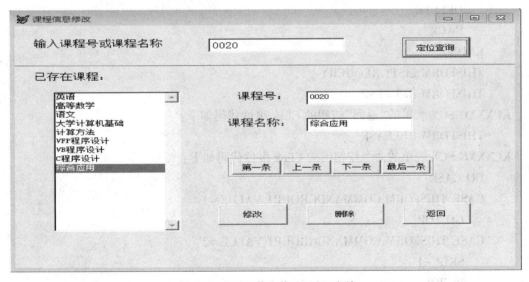

图 5-2 "课程信息修改"界面表单

④ 为列表框(List1)、"定位查询"、"修改"、"删除"，"返回"四个按钮以及命令按钮组添加代码。

KCXXXG. SCX 表单的 List1 的 InteractiveChange 事件的代码如下：

```
SELECT KC
THISFORM.TEXT3.VALUE＝THISFORM.LIST1.VALUE
THISFORM.TEXT2.VALUE＝KC.课程号
```

KCXXXG.SCX 表单的"定位查询"按钮的 Click 事件代码如下：

```
SELECT KC
LOCATE FOR ALLTRIM( THISFORM.TEXT1.VALUE)＝ ALLTRIM( KC.课程名称);
```

```
            OR ALLTRIM(THISFORM.TEXT1.VALUE)= KC.课程号
    IF NOT EOF( )
            THISFORM.TEXT2.VALUE = KC.课程号
            THISFORM.TEXT3.VALUE = KC.课程名称
            THISFORM.LIST1.VALUE = THISFORM.TEXT3.VALUE
    ELSE
            MESSAGEBOX("没有要找的课程!",64,"提示")
            THISFORM.TEXT1.VALUE = ""
    ENDIF
    THISFORM.REFRESH
```

KCXXXG.SCX 表单的"修改"按钮的 Click 事件代码如下:

```
    SELECT KC
    REPLACE 课程号 WITH ALLTRIM(THISFORM.TEXT2.VALUE)
    REPLACE 课程名称 WITH ALLTRIM(THISFORM.TEXT3.VALUE)
```

KCXXXG.SCX 表单的"删除"按钮的 Click 事件代码如下:

```
    YN = MESSAGEBOX("确定要删除该记录",4+32+256,"删除确认")
    IF YN = 6
        DELETE
        PACK
    ENDIF
    THISFORM.LIST1.REQUERY
    THISFORM.REFRESH
```

KCXXXG.SCX 表单的"返回"按钮的 Click 事件代码如下:

```
    THISFORM.RELEASE
```

KCXXXG.SCX 表单的命令按钮组的 Click 事件代码如下:

```
    DO CASE
    CASE THISFORM.COMMANDGROUP1.VALUE = 1
        GO TOP
    CASE THISFORM.COMMANDGROUP1.VALUE = 2
        SKIP -1
        IF BOF( )
            MESSAGEBOX("现在是第一条记录!",64,"提示")
        ENDIF
    CASE THISFORM.COMMANDGROUP1.VALUE = 3
        SKIP
        IF EOF( )
            MESSAGEBOX("现在是最后一条记录!",64,"提示")
        ENDIF
    CASE THISFORM.COMMANDGROUP1.VALUE = 4
        GO BOTTOM
```

ENDCASE

THISFORM.REFRESH

⑤ 执行运行命令，并进行测试。

3. 建立"学生成绩修改"表单，并实现对 cj 表中数据的修改

修改学生成绩时，需要确定学号和课程号两个条件。一种方法是先在文本框中输入学号，点击"查询"按钮后，该学生在 cj. dbf 中所具有成绩的课程的课程号就会出现在列表框中，再通过选择列表框中的课程号完成对 cj 表中记录的修改。另一种方法是先确定课程号，点击"查询"按钮后，所有具有该门课程的学生的学号就会出现在列表框中，再选择列表框中的一个学号完成对 cj 表中记录的修改。具体过程如下：

① 打开已经建立的"学生成绩管理系统"项目管理器，选择"文档"选项卡，选择"表单"后，单击右侧按钮"新建"，弹出新建对话框，选择"新建表单"按钮，保存表单名称为"xscjxg. scx"。

② 在表单上单击鼠标右键，在弹出菜单中选择"数据环境"项，打开"数据环境设计器"，添加数据表 xs. dbf、kc. dbf、cj. dbf。

③ 向"学生成绩修改"表单添加所需的控件，并放到适当的位置，各控件及控件属性如表 5-3 所示。

表 5-3 "学生成绩修改"表单控件及属性

控　件	属　　性	值
Form1	Caption	学生成绩修改
	AutoCentrt	. T.
	BorderStyle	2—固定对话框
Label1	Caption	（空）
	FontSize	12
Label2	Caption	（空）
Label3	Caption	学年：
	FontSize	12
Label4	Caption	学期：
	FontSize	12
Label5	Caption	成绩：
	FontSize	12
Line1		放置适当位置
List1		
Text1		
Text2		
Text3		
Combo1	RowSourceType	1-值
	RowSource	2007，2008，2009……
Combo2	RowSourceType	1-值
	RowSource	1，2，3，4

续表

控 件	属 性	值
Optiongroup1	ButtonCount	2
Command1	Caption	查询
Command2	Caption	修改
Command3	Caption	返回

"学生成绩修改"界面如图 5-3 和图 5-4 所示。

图 5-3   按课程号修改学生成绩效果图   图 5-4   按学号修改学生成绩效果图

④ 为"查询"、"修改"、"返回"三个按钮以及列表框(List1)命令按钮组添加代码。

"查询"按钮的 Click 事件代码如下:

```
DO CASE
CASE THISFORM. OPTIONGROUP1. OPTION1. VALUE = 1
    IF ALLTRIM(THISFORM. TEXT1. VALUE) = = ""
        MESSAGEBOX("请输入学号!",64,"提示")
    ELSE
        THISFORM. LABEL2. CAPTION = "已有课程号:"
        THISFORM. LABEL3. CAPTION = "课程名:"
        SELECT CJ
        GO TOP
        LOCATE FOR 学号 = = ALLTRIM(THISFORM. TEXT1. VALUE)
        IF NOT FOUND()
            THISFORM. LIST1. CLEAR
            MESSAGEBOX("该学号不存在!",64,"提示")
            THISFORM. TEXT1. VALUE = ""
            THISFORM. TEXT1. SETFOCUS
        ELSE
            THISFORM. LIST1. CLEAR
            DO WHILE FOUND()
                THISFORM. LIST1. ADDITEM(课程号)
```

```
          CONTINUE
        ENDDO
        THISFORM. TEXT2. VALUE=""
        THISFORM. COMBO1. VALUE=""
        THISFORM. COMBO2. VALUE=""
        THISFORM. TEXT3. VALUE=""
      ENDIF
    ENDIF
  CASE THISFORM. OPTIONGROUP1. OPTION2. VALUE=1
    IF ALLTRIM(THISFORM. TEXT1. VALUE)==""
        MESSAGEBOX("请输入课程号!",64,"提示")
    ELSE
        THISFORM. LABEL2. CAPTION="已有学生学号:"
        THISFORM. LABEL3. CAPTION="   姓名:"
        SELECT CJ
        GO TOP
        LOCATE FOR 课程号==ALLTRIM(THISFORM. TEXT1. VALUE)
        IF NOT FOUND()
          THISFORM. LIST1. CLEAR
          MESSAGEBOX("没有找到此门课程!",64,"提示")
          THISFORM. TEXT1. VALUE=""
          THISFORM. TEXT1. SETFOCUS
        ELSE
          THISFORM. LIST1. CLEAR
          DO WHILE FOUND()
              THISFORM. LIST1. ADDITEM(学号)
              CONTINUE
          ENDDO
          THISFORM. TEXT2. VALUE=""
          THISFORM. COMBO1. VALUE=""
          THISFORM. COMBO2. VALUE=""
          THISFORM. TEXT3. VALUE=""
        ENDIF
    ENDIF
ENDCASE
THISFORM. LIST1. REFRESH
THISFORM. REFRESH
```

"修改"按钮的 Click 事件代码如下:

```
DO CASE
CASE THISFORM. OPTIONGROUP1. OPTION1. VALUE=1
```

```
        SELECT CJ
        LOCATE FOR 课程号＝ALLTRIM(THISFORM. LIST1. VALUE) . AND. ;
                   学号＝ALLTRIM(THISFORM. TEXT1. VALUE)
        REPLACE 学年 WITH ALLTRIM(THISFORM. COMBO1. VALUE);
                 学期 WITH ALLTRIM(THISFORM. COMBO2. VALUE);
                 成绩 WITH THISFORM. TEXT3. VALUE
CASE THISFORM. OPTIONGROUP1. OPTION2. VALUE＝1
        SELECT CJ
        LOCATE FOR 课程号＝ALLTRIM(THISFORM. TEXT1. VALUE) . AND. ;
                   学号＝ALLTRIM(THISFORM. LIST1. VALUE)
        REPLACE 学年 WITH ALLTRIM(THISFORM. COMBO1. VALUE);
                 学期 WITH ALLTRIM(THISFORM. COMBO2. VALUE);
                 成绩 WITH THISFORM. TEXT3. VALUE
ENDCASE
```

"返回"按钮的 Click 事件代码如下：

```
THISFORM. RELEASE
```

列表框 List1 添加 Click 事件代码为：

```
  DO CASE
CASE THISFORM. OPTIONGROUP1. OPTION1. VALUE＝1
    SELECT KC
    LOCATE FOR 课程号＝ALLTRIM(THISFORM. LIST1. VALUE)
    THISFORM. TEXT2. VALUE＝课程名称
    SELECT CJ
    LOCATE FOR 课程号＝ALLTRIM(THISFORM. LIST1. VALUE) . AND. ;
                学号＝ALLTRIM(THISFORM. TEXT1. VALUE)
    THISFORM. COMBO1. VALUE＝学年
    THISFORM. COMBO2. VALUE＝学期
    THISFORM. TEXT3. VALUE＝成绩
CASE THISFORM. OPTIONGROUP1. OPTION2. VALUE＝1
    SELECT XS
    LOCATE FOR 学号＝ALLTRIM(THISFORM. LIST1. VALUE)
    THISFORM. TEXT2. VALUE＝姓名
    SELECT CJ
    LOCATE FOR 课程号＝ALLTRIM(THISFORM. TEXT1. VALUE) . AND. ;
                学号＝ALLTRIM(THISFORM. LIST1. VALUE)
    THISFORM. COMBO1. VALUE＝学年
    THISFORM. COMBO2. VALUE＝学期
    THISFORM. TEXT3. VALUE＝成绩
ENDCASE
```

⑤ 执行运行命令，并进行测试。

实验 6 "学生成绩管理系统"中的数据查询

一、实验目的

1. 掌握查询的概念和建立方法；
2. 掌握视图的概念和建立方法；
3. 掌握选项按钮组、表格等控件的属性及事件；
4. 掌握按照不同字段查询数据的方法。

二、实验内容

1. 建立一个满足对各字段进行各种查询所需的视图；
2. 建立表单，在表单中实现对学生信息的查询；
3. 建立表单，在表单中实现对课程信息的查询；
4. 建立表单，在表单中实现对成绩信息的查询。

三、实验步骤

1. 建立一个满足对各字段进行各种查询所需的视图

视图是一个虚拟表，其内容由查询定义。同真实的表一样，视图包含一系列带有名称的列和行数据。但是，视图并不在数据库中以数据存储的形式存在。视图设计器是创建和修改视图的有用工具。其中的"字段"、"联接"、"筛选"、"排序依据"、"分组依据"和"杂项"选项卡的功能及使用方法与查询设计器中对应选项卡相同。它只多一个用于设置可更新字段的"更新条件"选项卡。建立一个通过 xs. dbf、kc. dbf 和 cj. dbf 三个表查找相关信息的视图。设计过程如下：

① 在"项目管理器—学生成绩管理系统"的"数据"选项卡中，选择"学生成绩管理"数据库中的"本地视图"选项，然后单击"新建"按钮，打开"新建本地视图"对话框，如图 6-1 所示。

图 6-1 新建本地视图对话框

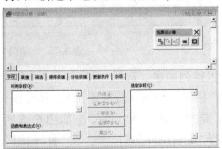

图 6-2 视图设计器对话框

② 选择"新建视图"按钮，打开视图设计器，如图 6-2 所示。通过"视图设计器"的工具栏添加 xs. dbf、kc. dbf 和 cj. dbf 表，如图 6-3 所示。

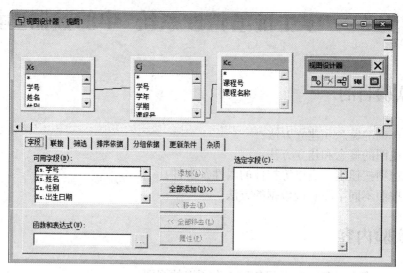

图 6-3　向视图设计器添加表

③ 选择"字段"选项卡，从"可用字段"中选择需要的字段。选中"xs. 学号"字段，单击"添加"按钮，则该字段就会被添加到"选定字段"的框中。按照该方法，依次将 xs. 姓名、kc. 课程号、kc. 课程名称、cj. 成绩几个字段添加到"选定字段"框内，如图 6-4 所示。

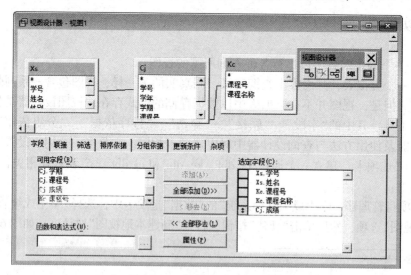

图 6-4　"字段"选项卡的设置

④ 设置排列顺序。选择"排序依据"选项卡，在"选定字段"的框中，选中"xs. 学号"项，点击"添加"按钮，则该字段被添加到"排序条件"的列框中；在"排序选项"中，可以设置升序或降序，选择默认选项"升序"。如图 6-5 所示。

⑤ 选择"更新条件"选项卡，在"表"的组合框中选择"全部表"。首先在"字段名"中，选择"xs. 学号"字段，在钥匙符号列下标识"√"，选择"kc. 课程号"进行同样设置。接着选择"xs. 姓名"字段，在铅笔符号列下标识"√"，选择"kc. 课程名称"字段进行相同的设置。接下来点击"发送 SQL 更新"前的方框，该设置用于将视图中的更新结果传回源表中。在"SQL

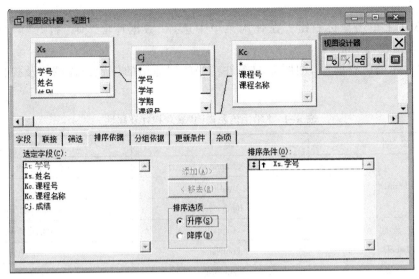

图 6-5 "排序依据"选项卡设置

WHERE 子句"项中，选择"关键字和课更新字段"项，表示只有源数据表中的关键字段和更新字段被修改时检测冲突。在"使用更新"项中，选择"SQL UPDATE"项，表示根据视图中的修改结果直接修改数据源表中的数据。修改后如图 6-6 所示。

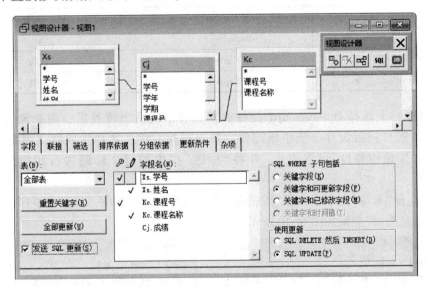

图 6-6 "更新条件"选项卡设置

⑥ 保存该视图，命名为"视图"，然后运行该视图，可以在显示学号和课程号的同时，显示相应的学生姓名和课程名称。

2. 建立表单，在表单中实现对学生信息的查询

"学生信息查询"表单中设置按照学号、姓名、班号、性别四个查询类别，选择后将查询的条件输入在文本框中，点击"查询"按钮，则满足查询条件的记录就会出现在下列的表格控件中。实现过程如下：

① 打开已经建立的"学生成绩管理系统"项目管理器，选择"文档"选项卡，选择"表单"后，单击右侧按钮"新建"，弹出新建对话框，选择"新建表单"按钮，保存表单名称为

"xsxxcx. scx"。

② 在表单上单击鼠标右键，在弹出菜单中选择"数据环境"项，打开"数据环境设计器"，添加数据表 xs. dbf。

③ 向"学生信息查询"添加所需的控件，并放到适当的位置，各控件及控件属性如表 6-1所示。

表 6-1　"学生信息查询"表单控件及属性

控　件	属　性	值
Form1	Caption	学生信息查询
	AutoCentrt	. T.
	BorderStyle	2—固定对话框
Label1	Caption	学生信息查询
	FontName	隶属
	FontSize	20
Label2	Caption	请选择查询条件：
Line1	放置适当位置	
Optiongroup1	ButtonCount	4
Text1	放置适当位置	
Grid1	RecordSourceType	1-别名
	RecordSource	Xs
Command1	Caption	查询
Command2	Caption	返回

在表单控件上选择 Optiongroup1 控件放置到表单的适当位置后，需要通过生成器对 Optiongroup1 控件进行设计。选中该控件，单击鼠标右键，选择生成器，则会弹出图 6-7 所示。将"按钮的数目"设置为 4，并将"标题"栏中的每个标题进行相应的修改，如图 6-8 所示。

接下来选择"布局"选项卡，在"按钮布局"中选择"水平"选项，如图 6-9 所示。

"学生信息查询"界面如图 6-10 所示。

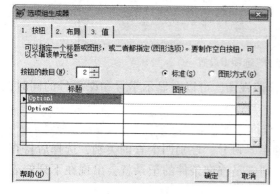

图 6-7　选项组生成器

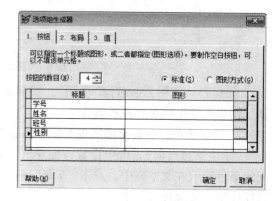

图 6-8　选项组生成器的设置

④ 为"查询"、"返回"两个按钮添加代码。

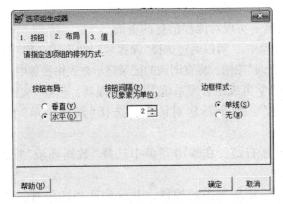

图 6-9　选项组生成器"布局"选项卡设置

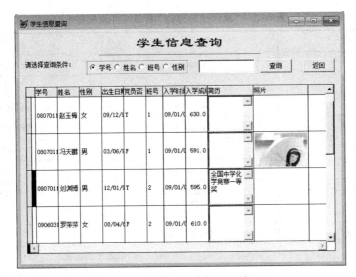

图 6-10　"学生信息查询"表单界面

"查询"按钮的 Click 事件代码：

GO TOP

DO CASE

CASE THISFORM.OPTIONGROUP1.VALUE = 1

　　SET FILTER TO ALLTRIM(THISFORM.TEXT1.VALUE) = ALLTRIM(XS.学号)

CASE THISFORM.OPTIONGROUP1.VALUE = 2

　　SET FILTER TO ALLTRIM(THISFORM.TEXT1.VALUE) = ALLTRIM(XS.姓名)

CASE THISFORM.OPTIONGROUP1.VALUE = 3

　　SET FILTER TO ALLTRIM(THISFORM.TEXT1.VALUE) = ALLTRIM(XS.班号)

CASE THISFORM.OPTIONGROUP1.VALUE = 4

　　SET FILTER TO ALLTRIM(THISFORM.TEXT1.VALUE) = ALLTRIM(XS.性别)

ENDCASE

THISFORM.REFRESH

"返回"按钮添加 Click 事件代码如下：

THISFORM.RELEASE

⑤ 执行运行命令，并进行测试。

3. 建立表单，在表单中实现对课程信息的查询

在"课程信息查询"表单中，可以通过选择"课程号"和"课程名称"两个类别后，将查询条件输入到文本框中，点击"查询"按钮，将查询到的记录显示在表格控件中。设计过程如下：

① 打开已经建立的"学生成绩管理系统"项目管理器，选择"文档"选项卡，选择"表单"后，单击右侧按钮"新建"，弹出新建对话框，选择"新建表单"按钮，保存表单名称为"kcxxcx. scx"。

② 在表单上单击鼠标右键，在弹出菜单中选择"数据环境"项，打开"数据环境设计器"，添加数据表 kc. dbf。

③ 向"课程信息查询"添加所需的控件，并放到适当的位置，各控件及控件属性如表6-2所示。

表6-2　"课程信息查询"表单控件及属性

控　件	属　　性	值
Form1	Caption	课程信息查询
	AutoCentrt	. T.
	BorderStyle	2—固定对话框
Label1	Caption	课程信息查询
	FontName	隶属
	FontSize	20
Label2	Caption	请选择查询条件：
Line1	放置适当位置	
Optiongroup1	ButtonCount	2
Text1	放置适当位置	
Grid1	RecordSourceType	1-别名
	RecordSource	kc
Command1	Caption	查询
Command2	Caption	返回

"课程信息查询"界面如图6-11所示：

④ 为"查询"、"返回"两个按钮添加代码。

"查询"按钮的 Click 事件的代码如下：

```
    GO TOP
    DO CASE
CASE THISFORM.OPTIONGROUP1.VALUE=1
    SET FILTER TO ALLTRIM(THISFORM.TEXT1.VALUE)=ALLTRIM(课程号)
CASE THISFORM.OPTIONGROUP1.VALUE=2
    SET FILTER TO ALLTRIM(THISFORM.TEXT1.VALUE)=ALLTRIM(课程名称)
ENDCASE
    THISFORM.REFRESH
```

"返回"按钮添加 Click 事件代码如下：

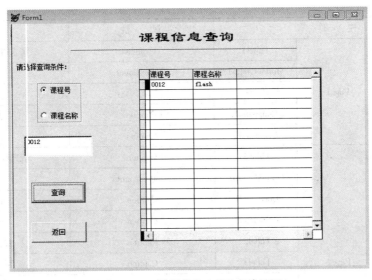

图 6-11 "课程信息查询"表单界面

THISFORM.RELEASE

⑤ 执行运行命令，并进行测试。

4. 建立表单，在表单中实现对成绩信息的查询

学生成绩查询功能分为按个人成绩查询和按课程查询。在按个人查询成绩中，设置了"学号"和"姓名"两个查询条件，将要查询的内容输入到文本框中，点击"查询"按钮，满足条件的记录就会出现在相应的表格中。在按课程查询中，设置了"课程号"和"课程名称"两个查询条件，输入查询内容后，除了在表格中显示相应内容外，还对课程的最高分、最低分以及该课程的平均分进行了计算。具体设计过程如下：

① 打开已经建立的"学生成绩管理系统"项目管理器，选择"文档"选项卡，选择"表单"后，单击右侧按钮"新建"，弹出新建对话框，选择"新建表单"按钮，保存表单名称为"xscjcx. scx"。

② 在表单上单击鼠标右键，在弹出菜单中选择"数据环境"项，打开"数据环境设计器"，添加"视图"。

③ 向"学生成绩查询"添加所需的控件，并放到适当的位置，各控件及控件属性如表6-3所示。

表 6-3 "学生成绩查询"表单控件及属性

控 件	属 性	值
Form1	Caption	学生信息查询
	AutoCentrt	. T.
	BorderStyle	2—固定对话框
Label1	Caption	学生成绩查询
	FontName	隶属
	FontSize	20
Line1		放置适当位置

续表

控　件		属　性	值
PageFrame1	Page1	Label1　Caption	请选择查询条件
		OptionGroup1　ButtonCount	2
		Text1	
		Command1　Caption	查询
		Command2　Caption	返回
	Page2	Label1　Caption	请选择查询条件
		OptionGroup1　ButtonCount	2
		Command1　Caption	查询
		Command2　Caption	返回
		Label2　Caption	最高分:
		Label3　Caption	最低分:
		Label4　Caption	平均分:
		Text1	
		Text2	放置适当位置
		Text3	
		Text4	
Grd 视图		RecordSourceType	1-别名
		RecordSource	视图

"学生成绩查询"表单界面如图 6-12 和图 6-13 所示。

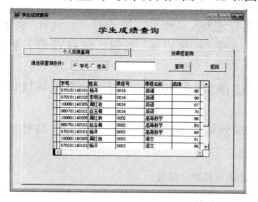

图 6-12　"学生成绩查询"表单界面

图 6-13　"学生成绩查询"表单界面

④ 为 Page1 和 Page2 中的"查询"、"返回"两个按钮添加代码。

Page1 和 Page2 中的"查询"和"返回"按钮的功能相似，以页框控件中 Page2 为例，给出相应代码。"查询"按钮的 Click 事件代码：

```
GO TOP
DO CASE
CASE THISFORM.PAGEFRAME1.PAGE2.OPTIONGROUP1.VALUE = 1
    SET FILTER TO ALLTRIM( THISFORM.PAGEFRAME1.PAGE2.TEXT1.VALUE) = ;
```

```
                    ALLTRIM(课程号)
CASE THISFORM.PAGEFRAME1.PAGE2.OPTIONGROUP1.VALUE=2
    SET FILTER TO ALLTRIM(THISFORM.PAGEFRAME1.PAGE2.TEXT1.VALUE)=;
                    ALLTRIM(课程名称)
ENDCASE
THISFORM.REFRESH
AVER 成绩 FOR ALLTRIM(THISFORM.PAGEFRAME1.PAGE2.TEXT1.VALUE);
     =ALLTRIM(课程号) OR;
            ALLTRIM(THISFORM.PAGEFRAME1.PAGE2.TEXT1.VALUE);
            =ALLTRIM(课程名称) TO AVER
        LOCATE FOR ALLTRIM(THISFORM.PAGEFRAME1.PAGE2.TEXT1.VALUE);
            =ALLTRIM(课程号) OR;
            ALLTRIM(THISFORM.PAGEFRAME1.PAGE2.TEXT1.VALUE);
            =ALLTRIM(课程名称)
MAX=成绩
MIN=成绩
DO WHILE NOT EOF()
    IF MAX<成绩
        MAX=成绩
    ENDIF
    IF MIN>成绩
        MIN=成绩
    ENDIF
    CONTINUE
ENDDO
THISFORM.PAGEFRAME1.PAGE2.TEXT2.VALUE=MAX
THISFORM.PAGEFRAME1.PAGE2.TEXT3.VALUE=MIN
THISFORM.PAGEFRAME1.PAGE2.TEXT4.VALUE=AVER
THISFORM.REFRESH
```
⑤ 执行运行命令,并进行测试。

实验 7　报表及主程序文件

一、实验目的

1. 掌握报表的设计方法及报表的设计技巧；
2. 掌握主程序文件的构造方法；
3. 理解主菜单、主界面表单、主程序文件之间的衔接关系；
4. 掌握对系统的组装、编译。

二、实验内容

1. 利用报表向导设计完成学生信息报表；
2. 利用报表设计器设计完成学生成绩报表；
3. 建立主程序，连编"学生成绩管理系统"并创建快捷方式。

三、实验步骤

1. 利用报表向导设计完成学生信息报表

在 VFP 中，报表是一种非常有效的数据输出形式。学生成绩信息报表的建立过程如下：

① 打开"项目管理器—学生成绩管理系统"对话框，切换到"文档"选项卡。选择"报表"选项，单击"新建"按钮，打开"新建报表"对话框。如图 7-1 所示。

② 单击"报表向导"按钮，打开"向导选取"对话框，如图 7-2 所示。选择"报表向导"选项后，点击"确定"按钮，则打开"报表向导"对话框，开始利用报表向导方式设计报表。

图 7-1　"新建报表"对话框

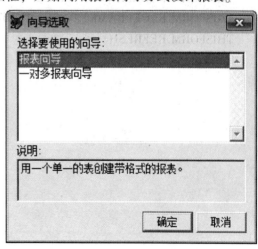

图 7-2　"向导选取"对话框

③ "报表向导"制作报表共有六个步骤，先后出现 6 个对话框，依次按提示操作。步骤 1-字段选取。这里选择"学生成绩管理"数据库中的"XS"表，选择除"党员否"、"简历"和"照片"字段以外的所有字段到"选定字段"列表框中，如图 7-3 所示。单击"下一步"按钮，进入第二步。

④ 步骤 2-分组记录。分组记录可以使用数据分组来分类并排序字段，这样能够方便读取。这里选择"入学时间"字段，如图 7-4 所示。

单击"分组选项"按钮，打开"分组间隔"对话框，如图 7-5 所示，这里可以设置指定分组级字段的分组间隔。这里选择"日期"，单击"确定"按钮，返回步骤 2。

单击"总结选项"按钮，打开"总结选项"对话框，如图 7-6 所示，从中可以选择与用来分组的字段中所含的数据类型相关的筛选级别，如"求和"、"平均值"、"计数"等，也可以为报表选择"细节及总结"、"只包含总结"或"不包含总结"单选按钮。这里对"入学成绩"字段求"平均值"，单击"确定"按钮，返回步骤 2。单击"下一步"按钮，进入第三步。

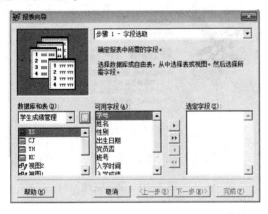

图 7-3 设置字段选取

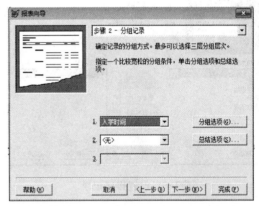

图 7-4 设置分组记录

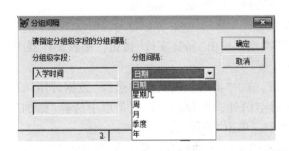

图 7-5 "分组间隔"对话框

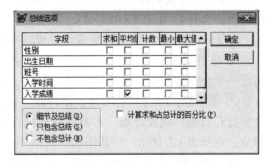

图 7-6 "总结选项"对话框

⑤ 步骤 3-选择报表样式。本例选择"账务式"，如图 7-7 所示。单击"下一步"按钮，进入第四步。

⑥ 步骤 4-定义报表布局。本例默认选择纵向、单列的列报表布局，如图 7-8 所示。单击"下一步"按钮，进入第五步。

⑦ 步骤 5-排序记录。本例选择"学号"字段，并按升序的方式排序，如图 7-9 所示。单击"下一步"按钮，进入第六步。

⑧ 步骤 6-完成。在"报表标题"栏中输入"学生信息表"，如图 7-10 所示。

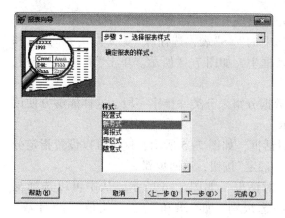

图7-7　设置选择报表样式

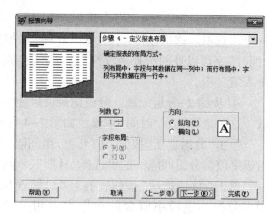

图7-8　设置定义报表布局

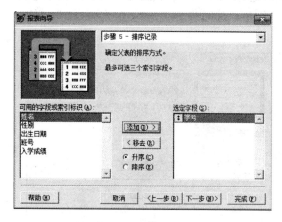

图7-9　设置排序记录

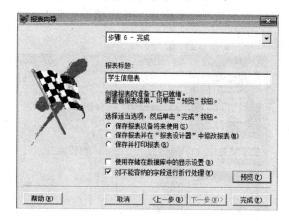

图7-10　设置完成

单击"预览"按钮查看报表的效果，如图7-11所示。

选择"保存报表以备将来使用"，单击"完成"按钮，完成向导。系统提示保存该报表，保存报表文件名为 XSXXBB. FRX，保存后在项目管理器中出现了该报表。

2. 利用报表设计器设计完成学生成绩报表

① 单击菜单"文件"→"新建"，选择"报表"类型，单击"新建文件"按钮，报表设计器中出现一个空白报表。

② 添加数据环境。右击报表设计器空白位置，在弹出的快捷菜单中选择"数据环境"命令，打开数据环境设计器，右击数据环境设计器空白处，在弹出的快捷菜单中选择"添加"命令，选择表 CJ. DBF，将其添加到数据环境当中。单击"关闭"按钮。

③ 添加控件。从"数据环境"中将课程号和成绩字段拖动到报表设计器的"细节"带区。在页标头带区中添加"课程号"和"成绩"标签控件。

④ 添加数据分组。单击报表设计器，使用"报表"菜单的"数据分组"命令，在弹出的"数据分组"对话框中输入分组表达式为"学号"，单击"确定"按钮，报表设计器中增加组标头和组注脚带区。

⑤ 添加控件。在组标头带区添加分组字段的标签控件和域控件。单击控件工具栏中的标签按钮，单击组注脚带区中任意位置，输入"学号"。从"数据环境"中将学号字段拖动到报表设计器的"组标头"带区。

在组注脚带区添加一个"总分："标签控件和域控件。单击控件工具栏中的标签按钮，单

学生信息表

05/30/11

入学时间	学号	姓名	性别	出生日期	班号	入学成绩
09/01/07						
	070101140101	杨洋	男	05/10/88	1	650.0
	070101140102	李明浩	男	01/03/89	1	643.0
	070101140103	王月	女	06/06/90	1	610.0
计算平均数09/01/07:						634.3
09/01/08						
	080701140101	赵玉梅	女	09/12/90	1	630.0
	080701140201	冯天鹏	男	03/06/91	2	591.0
	080701140202	刘渊博	男	12/01/90	2	595.0
计算平均数09/01/08:						605.3
09/01/09						
	090603140205	吴昊	男	06/07/91	2	670.0
	090603140208	罗萍萍	女	08/04/89	2	610.0
	090603140301	张爽	女	03/06/90	3	623.0
计算平均数09/01/09:						634.3
09/01/10						
	100801140101	郝亮	男	07/05/92	1	600.0
	100801140201	于明秀	女	06/08/92	2	585.0
	100801140305	周红岩	男	09/05/93	3	612.0
计算平均数09/01/10:						599.0
平均数						618.2

图 7-11 预览报表

击组注脚带区中任意位置，输入“总分:”，单击控件工具栏中的域控件按钮，单击“总分:”标签的右侧，在弹出的“报表表达式”对话框的“表达式”栏中输入“成绩”，单击“计算”按钮，在弹出的“计算字段”对话框中的“计算”栏选择“求和”，单击“确定”按钮，返回“报表表达式”对话框，单击“确定”按钮。

在组注脚带区添加一个圆角矩形控件。单击控件工具栏中的圆角矩形按钮，拖动鼠标圈住组注脚中的所有控件。

⑥ 添加标题带区和总结带区。使用“报表”菜单的“标题/总结”命令，在弹出的“标题/总结”对话框中选中“标题带区”和“总结带区”两个复选框，单击“确定”按钮。报表设计器中增加标题带区和总结带区。

⑦ 在“标题”带区中添加标签控件和两个直线控件。添加一个标签控件，输入标题“成绩汇总(按学号)”。选中标签控件，单击菜单“格式”→“字体”，设置字体格式为“三号字”、“黑体”。单击控件工具栏中的直线按钮，拖动鼠标在标题下添加直线，同理添加另一条直线。按住【Shift】键，单击两条直线，单击“格式”菜单的“绘画笔”中的虚线命令。

⑧ 在“总结”带区中添加一个域控件计算平均成绩。单击控件工具栏中的标签按钮，单击总结带区中的适当位置，输入“平均成绩:”，单击控件工具栏中的域控件按钮，在“平均

成绩:"标签旁单击，在弹出的"报表表达式"对话框的"表达式"栏中输入"成绩"，单击"计算"按钮，在弹出的"计算字段"对话框中的"计算"栏选择"平均值"，单击"确定"按钮，返回"报表表达式"对话框，单击"确定"按钮。

⑨ 调整报表带区高度，报表设计器如图 7-12 所示。单击菜单"显示"→"预览"预览报表，预览效果如图 7-13 所示。保存报表，报表文件名为 XSCJBB. FRX。

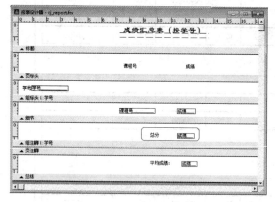

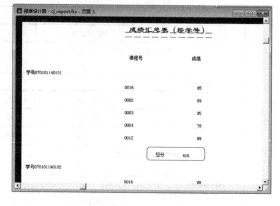

图 7-12　xscjbb 报表设计图　　　　　　　　　图 7-13　xscjbb 报表预览图

3. 建立主程序，连编"学生成绩管理系统"并创建快捷方式

在项目管理器"代码"选项卡中，选择"程序"，然后单击新建按钮，打开程序编辑器，输入如下的程序(main. prg)：

```
SET TALK OFF
SET SYSMENU OFF
SET SYSMENU TO
SET DELETED ON
SET STATUS BAR OFF
SET DATE ANSI
SET SAFETY OFF
CLEAR ALL
CLOSE ALL
CANCEL
_ SCREEN. WINDOWSTATE = 2                  && 设置窗口状态
_ SCREEN. CAPTION = "学生成绩管理系统"        && 设置窗口名称
PUBLIC, TRYTIME, PICTEMP                    && 定义全局变量
PICTEMP = " "
TRYTIME = 0
OPEN DATABASE 学生成绩管理                   && 打开数据库
DO FORM 登录                                && 运行系统登录界面
READ EVENTS
```

将该程序保存为 main. prg 文件，并将该文件设置为主文件。在"代码"选项卡中选择 main. prg 文件，单击鼠标右键，在打开的快捷菜单中选择"设置主文件"，如图 7-14 所示。

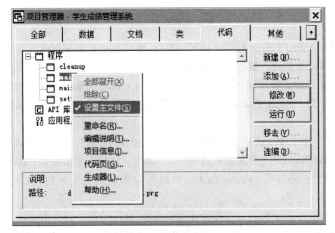

图 7-14　设置主文件

由于主菜单中的"退出系统"实现的是整个系统的退出功能，在主菜单"退出系统"中编写 CLEANUP. PRG 程序文件：

SET SYSMENU TO DEFAULT

SET TALK ON

SET SAFETY ON

CLOSE ALL

CLEAR ALL

CLEAR WINDOWS

CLEAR EVENTS

CANCEL

在 Visual FoxPro 6.0 中生成应用程序的操作步骤为：

① 在项目管理器中设计完成相应的数据库、数据表、各种应用界面、菜单以及主控程序 main. prg，并将 main. prg 设置为主文件。

② 生成可执行文件。在项目管理器中，单击"连编"按钮，弹出"连编选项"对话框，选择"连编可执行文件"单选按钮创建可执行文件(. exe)，如图 7-15 所示。在"连编选项"中单击"确定"按钮后，打开"另存为"对话框，将文件另存为"学生成绩管理. exe"，然后单击"保存"按钮即可完成连编。

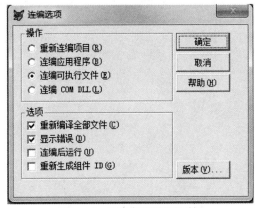

图 7-15　"连编选项"对话框

参 考 文 献

[1] 杨永，杨王黎．Visual Foxpro 程序设计案例教程[M]．北京：中国石化出版社，2012.

[2] 杨永，周凯．Visual Foxpro 数据库与程序设计[M]．北京：中国石化出版社，2017.

[3] 刘卫国．Visual FoxPro 程序设计教程[M]．北京：北京邮电大学出版社，2005.

[4] 李作纬，程伟渊．Visual FoxPro 程序设计及其应用系统开发[M]．北京：中国水利水电出版社，2003.

[5] 沈大林，崔玥．中文 Visual FoxPro 6.0 程序设计案例教程[M]．北京：中国铁道出版社，2009.

[6] 徐谡．Visual FoxPro 应用与开发案例教程[M]．北京：清华大学出版社，2005.

[7] 贾风波，杨树青，杨玉顺．Visual FoxPro 数据库应用案例完全解析[M]．北京：人民邮电出版社，2006.

[8] 聂玉峰，张铭辉．Visual FoxPro 程序设计实验指导[M]．北京：科学出版社，2005.

[9] 丁志云．新编 Visual FoxPro 数据库与程序设计实验指导书[M]．北京：中国电力出版社，2005.

[10] 全国计算机等级考试二级教程 Visual FoxPro 数据库程序设计[M]．北京：高等教育出版社，2009.

[11] 卢湘鸿．Visual FoxPro 程序设计基础[M]．北京：清华大学出版社，2006.

[12] 朱珍．Visual FoxPro 6.0 数据库程序设计[M]．北京：中国铁道出版社，2009.

[13] 敬西，李盛瑜．Visual FoxPro 程序设计实践操作教程[M]．重庆：重庆大学出版社，2009.